環境と
エピゲノム

からだは環境によって変わるのか？

中尾光善＝著

丸善出版

●●● まえがき

環境は，私たちを写す鏡のようである．環境を見れば，実は自分がそこにいる．私たちを取り巻く「地球環境」「自然環境」「社会環境」をイメージすると，地球温暖化，紫外線，天候，災害，食糧，化学物質，病原体，そして社会情勢などがある．これらに加えて，ひとりの個人を主体にすると，そのまわりの人も環境になる．家族や近所の人，学校や職場で働く人，連絡を取り合う人．これらは身近な「生活環境」である．さらには，ヒト以外の生物を主体とする環境というものがある．動物，植物，鳥類，魚類，昆虫，微生物に至るまで，それぞれを主体とする環境があって，その中身は同じではないであろう．したがって，何を主体にして環境をどうとらえるかによって，その実体は多種多様なのである．また，これらの環境は独立して無縁な存在ではなく，すべてが有機的につながっていることに私たちは気づかされてきた．

生命科学の研究者たちは，身体の中にも環境があると考えてい

●まえがき

る．これを**微小環境**という．ニッチともよんで，適所（適切な環境）という意味である．たとえば，皮膚が少し傷ついたとする．一時は出血したり，痛みを感じたりするが，数日内にほとんどもとのように修復されていく．その傷を埋めようと血液が固まり，細菌などの侵入を阻止しようとする．治るまで神経が痛みを発して警鐘を鳴らす．それまで眠っていた「幹細胞」（皮膚をつくる種のような細胞）が働き出して，まわりの細胞とともに傷ついた組織を再生していく．私たちの身体には，各々の組織に固有の幹細胞を保持していくニッチがある．あたかも，赤ん坊が眠るベッドのようなものだ．このおかげで，生涯にわたってその人の身体を維持することができる．もうひとつ挙げれば，身体の中に「がん細胞」が生じて，これが増殖してまわりの組織に浸潤したり，血管やリンパ管を通って転移したりすることがある．がん細胞は幹細胞によく似た性質をもつ．体内の別の場所に移動しても，自らが生存して増殖できるニッチをつくるのだ．その結果，浸潤・転移という現象が生じる．このように，特定の細胞を主体としても環境というものがある．私たちが気づかないところで，主体と環境はいつも相互作用している．

　私たちがまわりの環境から刺激を受けて，それが脳に達して生じる意識を**感覚**という．基本的な感覚といえば，いわゆる「五感」である．「視覚」では，眼を通して光のエネルギーを受け取り，また「聴覚」では，耳を通して音の信号を受けている．いずれも物理的な因子である．「嗅覚」では，鼻を通して匂いの成分を感じて，また「味覚」では，舌を通して食物の味の情報を得ている．これらは化学的な因子といえる．「触覚」では，全身の皮膚などを通してメカニカルな圧力を感じる．これは機械的な因子である．こうした五感を担う組織が**感覚器**であり，それらの情報

まえがき

は神経を介して脳に集められる．生物が進化の過程で獲得してきた，環境刺激を感知するしくみである．

ここで注目したいことが2つあるように思う．ひとつは，五感をマクロの感覚とするならば，身体を構成するすべての細胞はミクロの感覚をもっているという点である．自分が意識する五感だけでなく，「細胞の感覚」というものがある．たとえば，少量の放射線は五感でわからないが，身体の細胞は見事に感知することができる．もうひとつは，刺激を初めて受ける場合と再び受ける場合には違いがあるという点である．つまり，刺激に対する記憶というものが存在する．いままで見たり聞いたりしたことが脳の中に保存されるように，細胞の受容体（またはセンサー）というタンパク質が刺激を感知すると，その情報は細胞核の中に保存される．すなわち，身体を構成する細胞は，環境の情報を記憶することができる．

私たちの身体は，ヒトのゲノム（設計図）に書き込まれた生命の情報に従ってつくられている．そこには，約2万5000個の遺伝子がほぼ不規則に配置されている．そのため，ゲノム上にある遺伝子を選んで使うという，遺伝子の使い方が重要なのだ．身体の中の細胞では，使う遺伝子と使わない遺伝子に別々の印がつけられている．これらONとOFFの印をつけたゲノムをエピゲノムという．それぞれの遺伝子に印がつけられることから，あたかもふせんのようなしくみである．ふせんとは，目的のところに印をつけたり外したり，書き込んだりと何かと便利なものだ．近年，エピゲノムという舞台では3つの役者が働いていることがわかった．"ライター"（書き手）は印をつける因子，"リーダー"（読み手）は印に結合する因子，"イレイサー"（消し手）は印を除去する因子である．すなわち，エピゲノムの状態は可逆的であ

iii

ると考えられる.

環境が主体に作用すると, 刺激の種類や強さ, タイミングに応じて, ゲノム上の特定の遺伝子が働くようになる. 初めての刺激を受けた後には, ある遺伝子を使ったという印がつけられる. つまり, OFF から ON の印に変わることが, 刺激を受けたという**細胞の記憶**になるわけである. たとえば, ホルモンが細胞に初めて作用した場合, 標的の遺伝子に刺激を受けたという印がつけられる. ホルモンの刺激がなくなっても, その記憶は残る. その結果, 同じ刺激を再び受けると, その遺伝子はすみやかに強く応答できる. 刺激を受けた細胞は, その後に同じ刺激が来ることを予測して準備しているのだ.

小さな刺激が私たちにただちに大きな影響を与えることはない. しかし, それが長年にわたり繰り返し作用すると, エピゲノムの変化が徐々に蓄積していく. 生命体は環境因子にさらされると, それに適応するように, 自らを変化させる性質があるからだ. たとえば, 食事の内容が長い間偏っていると, 印が書き加えられて, 遺伝子の働き方が変わる. これが記憶として固定すると, がんや肥満などの生活習慣病, 精神的なストレス障害を生じやすくなることがわかってきた.

「主体と環境」は, お互いに働き合っている. そこでは, 主体は環境になり, 環境は主体になる. このところ, 私たちを取り巻く自然環境や社会環境が大きく変化してきた. つまり, 私たち自身が変わってきている. ヒトが環境に作用するならば, 環境からヒトを含む生物に必ず戻ってくる. 主体と環境の間には, 押せば押されるという, 作用・反作用の力学が成り立つからだ.

生命体は柔軟にその性質を変える. そう考えると, いま本当に大切なのは, 私たちを取り巻く**環境**について知ることである. そ

して，私たちは環境因子をどう感知して，どう応答して，それを記憶していくのか．これらの点について，**エピゲノム**を共通言語として読み解いてみたい．科学的に実証されていることは必ずしも多くない．しかし，これからの進展が期待できる大きな魅力がある．本書では，身体を構成するすべての細胞は，環境因子に対する「**感知→応答→記憶**」のパスウェイ（経路）をもっているとしよう．環境から受けた情報を私たちは分子のレベルで身体の中に記憶している．これを環境の記憶とよぼう．本書が"生命と環境は連続している"と実感する一助になれば，このうえない喜びである．

2017 年 11 月

中尾 光善

●●● 目　次 ─────────────

1章　細胞の記憶　── 環境とエピゲノム ──　　　**1**

細胞の個性はどう決まるか／細胞の環境応答とは／ゲノムと遺伝子／遺伝子の形と働き／エピジェネティクスとは／エピゲノムのしくみ／エピゲノムによる記憶／エピゲノムのつくられ方／まとめ

2章　空　気　── 酸素のもつ功罪 ──　　　**25**

空気と呼吸／体内の化学受容体／酸素を用いたエネルギーの産生／貧血とエリスロポエチン／エリスロポエチンとスポーツ／細胞の低酸素センサー／がん細胞のワールブルグ効果／酸素の功罪／低酸素ストレスに対する記憶はあるか／まとめ

3章　温　度　── 暑さ・寒さに備える ──　　　**47**

温度の単位／皮膚という感覚器／体温調節と発熱／熱中症／熱ショックへの応答／筋肉が熱をつくる／温度に対する細胞記憶／まとめ

●目 次

4章 栄 養 ― 食事と生活習慣 ―　　67

生命活動とエネルギー代謝／食事はメモリーされる
のか／ヒトの個体発生と DOHaD 学説／栄養がエピ
ゲノムを変える／飢餓に働くサーチュイン／肥満に
働く LSD1／DOHaD 学説を再考する／ダイエットと
リバウンド／まとめ

5章 ケミカル ― 金属と化学物質 ―　　95

環境汚染と公害／職業とがん／エクスポゾームの考
え方／エコチル調査／環境物質に応答するしくみ／
DNA の損傷に応答する／まとめ

6章 感 染 ― ウイルスと免疫 ―　　115

ウイルス感染／感染とがん／生まれつきのトーチ症
候群／自然免疫／獲得免疫／ワクチンと免疫記憶／
免疫が異常になると／免疫の老化／まとめ

7章 ストレス ― 現代社会を生きる ―　　135

心身の感覚とストレス／グルココルチコイドの働き
／グルココルチコイドの多様な作用／グルココルチ
コイドの作用が記憶される／親の愛情とエピゲノム
／ストレスと DNA のメチル化／まとめ

目 次

8章 時 間 ―加齢と老化― 153

生命のプログラム／加齢と老化の関係／平均寿命と
健康寿命／個体レベルの老化／早老症／老化細胞と
は何か／細胞老化のメカニズム／細胞老化のエピゲ
ノム／まとめ

あとがき 173
参考文献 175
参考図書 181
索 引 185

細胞の記憶
——環境とエピゲノム——

●●● 細胞の個性はどう決まるか ——————

　私たちひとりの身体は，60兆個くらいの**細胞**が集まった塊である．ひとつひとつの細胞が小さな生命をもっていて，すべての細胞が合わさったものがひとり分の生命になっている．なんとも不思議な現実である．

　身体を構成する細胞は200種類以上あり，それぞれ固有の働きを果たしている．神経，皮膚，肝臓，血液などの細胞は，異なる役割をもっている．いずれも生命活動に欠かせないので，その細胞の性質は安定して維持されることが必要である．いつの間にか他の種類の細胞に変わってしまっては困るわけだ．その一方で，細胞は外界の環境からさまざまな刺激を受けている．刺激を受けた細胞は，これらに柔軟に応じることが求められる．基本的に，それぞれの細胞は変わらないのが原則であるが，その性質を変えることもある．

　もとをたどれば，1個の受精卵から多種多様の細胞がつくり出されて，組織や器官が形成されていく．こうして身体がつくられる過程が**発生**である．ひとりの身体をつくるためには，幾重にも

1章 細胞の記憶

及ぶプロセスが備えられている．異なる種類の細胞が次々に生じて，それが上下，左右，前後に規則性をもって空間的に配置される．ある細胞が分裂して，2つの細胞になって，それがまた別の細胞を生む．これらの細胞が適材適所に配置される，という工程を繰り返す．身体づくりのためには，それぞれの細胞が次にどんな性質をもった細胞に変化するかという運命づけ，すなわち，**細胞の分化**が行われる．親，子，孫，ひ孫の細胞とつながっていくので，まるで細胞の家系図（系譜）のようである．これら発生の過程は，体内環境の中で進んでいく精巧なしくみである．「発生」の後にもまた，いろいろな生命現象がある．加齢とともに，**がん**，**生活習慣病**，**老化**が起こったり，もしも病気やケガを患う場合でも**再生**することがある．さらには，次の子世代をつくるという**遺伝**がある（図1-1）．

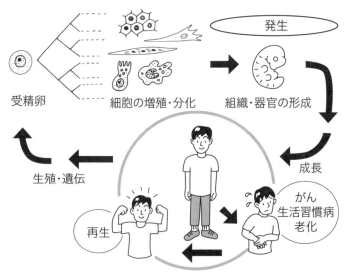

● 図 1-1　私たちの身体の中で起こる生命現象

細胞の個性はどう決まるか

　私たちの身体を構成する体細胞は，基本的に同じ**ゲノム**をもっている．ゲノムは約30億個の文字情報（この後に述べる塩基配列）からなり，ヒトという生物として存在するための共通の設計図である．正確にいえば，免疫系のリンパ球，そして生殖細胞は，独自にゲノムを組み換えることができるが，その他の体細胞は同じゲノムを保持している．そう考えると，身体の中に多種多様な細胞が存在するのはどうしてだろうか．「私たちの身体の中で起こる生命現象」にかかわる細胞のすべては，その形も働きもきわめて個性的なのである．ゲノムが同じ，すなわちもっている遺伝子がすべて同じであっても，性質の違う細胞として存在している．つまり，細胞は自らの性質を変えているのだ．細胞がその性質を変化させることを**細胞のリプログラム**とよぶ．リプログラムとは，"プログラムを変更する"という意味である．本書で述

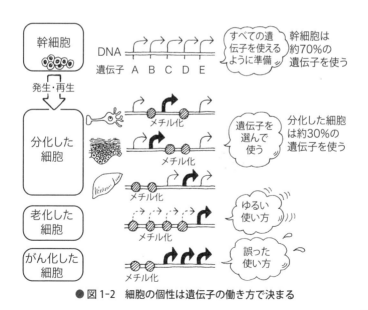

● 図 1-2　細胞の個性は遺伝子の働き方で決まる

●1章　細胞の記憶

べるように，この基本的なしくみは"細胞の個性は遺伝子の働き方で決まる"と理解することができる（図1-2）．幹細胞は，すべての遺伝子を使えるように準備しており，分化すると，特定の遺伝子を選んで使う．老化細胞は，抑えていた遺伝子がもれ出るようなゆるい使い方になり，一方，がん細胞は誤った使い方をする．

　身体を構成する細胞には，次のような2つの性質がある．「細胞は同じ性質を安定して維持する」「細胞は性質の異なる細胞に変化できる」．一見相反するような特徴を兼ね備えることによって，生命体は柔軟性をもちながら存在している．

●●● 細胞の環境応答とは

　細胞の形と働きから見てみよう．単純化すると，ほとんどの細胞は3つの部分からなる機能的な構造体である．**細胞膜**，**細胞質**および**細胞核**である．細胞はその外側を細胞膜で被われて，その内側が細胞質，その中に核膜で包まれた細胞核がある．シンプルにすれば，大きな円の中に小さな円を描けばよい．

　たとえば，外界からの刺激が細胞に作用したとしよう（**図1-3**）．細胞側の受け手となるのが**受容体**（または**センサー**）とよばれるタンパク質である．受容体には，細胞膜の表面に出ているもの，細胞内に待機しているものがある．通常，細胞の増殖因子などのタンパク質は膜を通過できないので，膜上の受容体に結合する．他方，脂溶性のホルモンや小分子は，膜を通過して細胞質の中で受容体に結合する．さらには，放射線のように細胞核の中まで到達するものは，ゲノムDNAに直接作用して，DNA自体が受容体のように働く．このように，それぞれの刺激に特有の受

細胞の環境応答とは

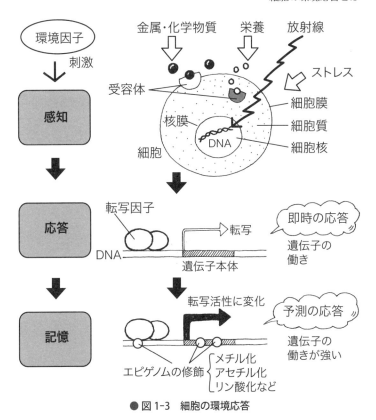

● 図1-3 細胞の環境応答

容体があって，細胞は刺激を選択的に**感知**している．

感知した受容体が発するシグナルは，最終的には細胞核の中に伝えられる．作用した刺激の種類に応じて，ゲノム上の遺伝子が選ばれて働くことになる．これを実行するのが，**転写因子**（特定の配列に結合して，遺伝子を働かせるタンパク質）である．受容体から特定の転写因子にシグナルが伝達される．シグナル伝達とは，タンパク質が化学的な修飾（リン酸化など）を受けて，細胞内の位置や協働する因子を変える連鎖反応をいう．ある刺激に対

して，ひとつの転写因子が働くこともあれば，複数の転写因子が働き合うこともある．その結果，数百個の遺伝子の働きが促進されたり，逆に抑制されたりする．つまり，環境の刺激に応じた転写因子の働きによって，特定の遺伝子が選択的に働くという**応答**が起こる．

シグナルを受けた転写因子が働くと，それまでは使わない遺伝子であっても，刺激を受けた後では使う遺伝子に変えられる．本章で「エピゲノム ＝ 修飾されたゲノム」として述べるように，ゲノム上のすべての遺伝子に"印"がつけられている．このため，OFF から ON の印に変わることが，刺激を受けたという証になるわけである．たとえば，あるホルモンが細胞に初めて作用した場合，使われる遺伝子に刺激を受けたという印がつけられる．ホルモンの刺激がなくなってもその記憶は残る．その結果，同じホルモンを再び受けると，その遺伝子はすみやかに強く応答することができる．細胞はいったん刺激を受けると，同じ刺激が来ると予測して準備しているのだ．すなわち，その刺激が作用したという**記憶**が後々に意味をもってくる．

このように，生体内の細胞が環境から刺激を受ける場合，そこには3段階のしくみがある．本書では，これを環境因子に対する「**感知→応答→記憶**」の法則とよぶことにしよう．ある刺激を感知して応答する．しかも，細胞は刺激を受けたことを記憶する．私たちは"細胞の記憶"というしくみを使って，将来の環境因子への応答を準備しているわけである．この考え方をもう一歩進めると，環境応答には**即時の応答**と**予測の応答**がある．即時の応答は，刺激に対するその場の応答である．とりわけ，生命を脅かす場合には即答しなくてはならない．それに比べて，予測の応答は，過去の刺激を記憶することで，将来も同じ刺激が来ると準備

ゲノムと遺伝子

した応答である．これは長期に繰り返される慢性的な刺激に対して有効に働くことができる．

身体の中の細胞はその性質を安定的に維持していく．しかしながら，さまざまな環境の変化にも柔軟に応答する必要がある．体内の変動を一定の枠内に留めることを**恒常性**（ホメオスタシス）とよんでいる．このため，どういう刺激を受けたかを記憶することによって，細胞はこの恒常性を調節しやすくなるのだ．

●●● ゲノムと遺伝子

身体を構成する各々の細胞は**ゲノム**をもっている．私たちの設計図としてのゲノムの実体は，**デオキシリボ核酸（DNA）**とよばれる物質である．ゲノムと遺伝子の働きについて整理してみよう（図1-4）．

DNA分子は，グアニン（G），アデニン（A），チミン（T），シトシン（C）という，4つの塩基がさまざまな順番で連なった核酸であり，この塩基の配列が，いわゆる，設計図の本体である．各々の塩基はデオキシリボース（糖の成分）と結合しており，リン酸を介してつながることで，1本鎖のDNAが形成される．さらに，アデニンとチミンの間，そして，グアニンとシトシンの間では水素分子を介してゆるく結合することができる．たとえば，5′-GACGCT-3′ と 3′-CTGCGA-5′ という配列のDNA鎖が2つあったとする．塩基の配列には，5′側から3′側へという方向がある．これを上下2段に重ねてみると，左から順番にGとC，AとT，CとG，GとC，CとG，TとAというように，水素を介して結合する塩基のペア（塩基対）を形成することができる．こうして，ペアを形成する2つのDNA鎖があると，安定な2本鎖

7

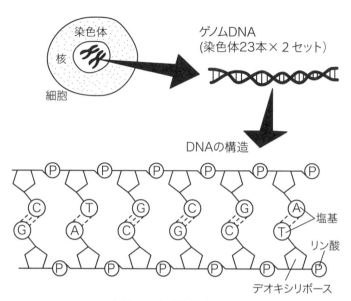

● 図1-4 細胞とゲノムDNA

のDNAを形成するのだ.このような原理に従って、ヒトを含む多くの生物のゲノムができあがっている.

ヒトの1セット分のゲノムは、約30億の塩基対のDNAからなっている.そこに2万5000個の**遺伝子**（タンパク質をつくる）が存在する.他の生物種と比べてみても、ゲノムのサイズや遺伝子の数は特別に大きくはない.この1セット分が、1番〜22番の常染色体、XまたはYの性染色体という、23本の染色体に納められている.その結果、私たちの身体を構成する細胞は、両親から1セットずつを受け継いで、計2セット分の約60億の塩基対のDNAをもつことになる.

では、ゲノム上の遺伝子からどのように情報が引き出されるのだろうか（図1-5）.遺伝子（DNA）から**リボ核酸（RNA）**がつ

―― ゲノムと遺伝子

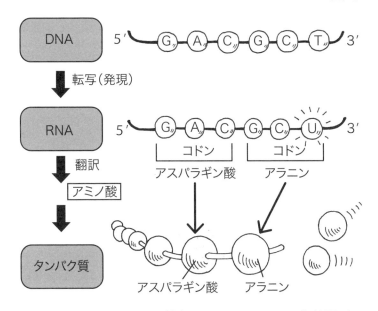

DNAの情報を写し取ったRNAの塩基配列をもとに，対応するアミノ酸を順に結合してタンパク質がつくられる

● 図1-5　生命の情報の流れ

くられることを**転写**という．これを発現（expression）ともよぶ．2本鎖DNAの塩基配列の片方の鎖が"読まれる"ことで，よく似た塩基配列の1本鎖RNAが合成される．というのも，DNAにあるチミン（T）は，RNAではウラシル（U）になるからである．たとえば，5′-GACGCT-3′ というDNA配列は，RNA配列では5′-GACGCU-3′ となる．この後，RNA配列の中の3つ組の塩基（コドンという）が1個のアミノ酸に対応することで，アミノ酸が並んだタンパク質がつくられる．たとえば，GACがアスパラギン酸，GCUがアラニンというアミノ酸をそれぞれコードして

いる．これを**翻訳**とよぶ．つまり，ヒトを含む生物では，DNA = 情報分子が，RNA = 伝達分子を介して，タンパク質 = 機能分子をつくる．要するに，ゲノムの情報を利用するには，「DNA → （転写）→ RNA → （翻訳）→ タンパク質」という流れである．この過程において，転写とは，DNAからRNAに情報を写し取ることであり，同じ核酸の間での変換である．他方，翻訳とは，異なる言語に訳すように，核酸からタンパク質への変換である．

●●● 遺伝子の形と働き

　ほぼすべての遺伝子は，共通したユニットのような形をもっている（図1-6）．通常，遺伝子とよんでいる部分が，遺伝子の本体（**ボディー**）である．遺伝子の転写が始まるところが転写開始点であり，そのすぐ近くに**プロモーター**という配列がある．遺伝子が転写されるためには，このプロモーターの活性化が欠かせない．なぜなら，プロモーターにおいて，転写因子，RNA合成酵素（RNAをつくる酵素）が集まって働いているからだ．**転写因子**は，ここで一緒に働く仲間のタンパク質を引き連れてくる先導役の働きをしている．

　遺伝子の働きを支える役者たちについて，オーディオ機器にたとえてみよう．先に述べた「プロモーター」は，転写の"スイッチ"に相当する．遺伝子のON/OFFは，ここで決まるといってよい．そして，遺伝子の転写量を上げる"ボリューム"に相当する配列が，**エンハンサー**である．ここにも，転写因子が結合して働いている．DNAの塩基配列の上では，エンハンサーは，プロモーターのすぐ近くにあったり，あるいは，かなり離れていたり

遺伝子の形と働き

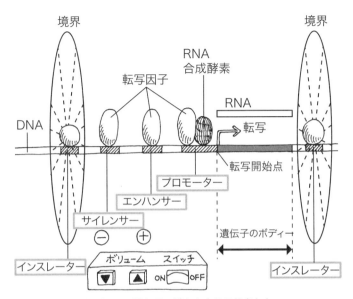

● 図1-6　遺伝子の働きを支える役者たち

する．しかし，細胞の中でエンハンサーとプロモーターが協働して転写を強める際には，DNAが折れ曲がることで，この両者が空間的に近づいて働き合っている．つまり，細胞の中で遺伝子が働くときには，DNAの立体的な構造がダイナミックに動いているのだ．他方，エンハンサーと逆の働きをする配列もあって，**サイレンサー**とよばれている．これもプロモーターと働き合いながら，遺伝子の転写量を下げる"ボリューム"役を果たしている．

さらには，DNA上で隣り合った遺伝子がそれぞれ，異なった細胞や状況の下で，独立して働くためのしくみがあることもわかっている．遺伝子と遺伝子の間にあって，境界を決めるものである．この境界をつくる配列を**インスレーター**とよぶ．インスレーターとは，工業製品でいう"絶縁体"の意味である．インスレー

ターがあると，隣り合った遺伝子でも，それぞれ違った働き方が
できるのだ．神経で働く遺伝子と血液で働く遺伝子がゲノム上で
隣り合っていても，これらの発現が混線することはない．インス
レーターで両側の境界が決められると，遺伝子のプロモーターと
エンハンサーはその中で働き合うからである．このように，各々
の遺伝子にはプロモーター，エンハンサー（またはサイレンサ
ー），インスレーターの配列が備わっている．遺伝子のボディー
がタンパク質をつくる配列だとすると，これらは遺伝子の働きを
調節する配列である．このような理由から，タンパク質をつくる
塩基配列に変化が起こると，誤ったタンパク質がつくられてしま
う．他方，プロモーター，エンハンサー（またはサイレンサー），
インスレーターに変化が起こると，遺伝子の働き方が変わること
になる．

●●● エピジェネティクスとは

　本書の中心的なテーマであるエピジェネティクスに進んでいこ
う．この言葉が，世界中の研究者の間で認知され始めたのは，
1990年前後のことである．それから30年近くが経ち，サイエン
スが進歩するにつれて，すべての生物の生命現象に深くかかわっ
ていることが明らかになった．いまでは，生命科学の本流である
としても過言ではないであろう．このため，新聞，テレビ，書
籍，インターネットなどを通して紹介される機会も増えてきた．
けっしてわかりやすい言葉ではない．日本語に訳そうにも適当な
用語がないので，カタカナで"エピジェネティクス"と表記する
ことになった．中国語では「表現遺伝学」（または表遺伝学）と
書くそうである．そのニュアンスはなんとなくつかめると思う．

ここでは，エピジェネティクスについて要約して述べることにする．

歴史をさかのぼれば，1942年，英国エディンバラ大学のコンラッド・ワディントン博士（1905-1975年）が，**エピジェネティクス**という言葉を用いて，"遺伝と環境の相互作用によって，細胞の運命づけがなされる"という概念を提唱したことが始まりである（図1-7）．「エピ (*epi-*)」とは，ギリシャ語で【～の上】という接頭語である．「ジェネティクス」が【遺伝学】であることから，「エピジェネティクス」とは"従来の遺伝学の上にあるもの"という意味である．従来の遺伝学とは，遺伝を主体とする**メンデルの法則**（グレゴール・ヨハン・メンデル，1822-1884年）で説明されるものと考えてよい．こう考えれば，「エピジェネティクス」は，むしろ，環境の作用に着目した考え方であると理解することができる．そして，この後に述べる「エピゲノム」とは

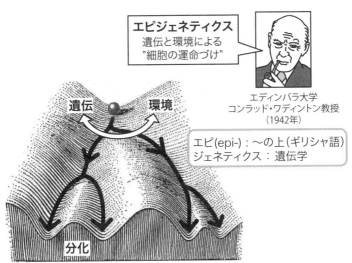

● 図1-7 エピジェネティクスの考え方の提唱

● 1章　細胞の記憶

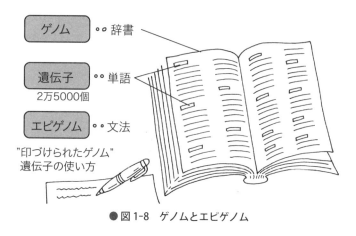

● 図1-8　ゲノムとエピゲノム

"ゲノムの上にあるもの"という意味である．生物の設計図であるゲノムの上位のものとは，いったい何なのであろうか．

　ゲノムとエピゲノムを説明するうえで，私は次のようにたとえている．**ゲノム**を【辞書】とすれば，**遺伝子**はそこに書かれた【単語】のようなものである（図1-8）．ヒトゲノムには，タンパク質をつくる2万5000個の遺伝子が存在している．しかし，身体の中の個々の細胞は，ゲノム上のすべての遺伝子を使うわけではない．細胞の種類やその状況に応じて，遺伝子を選んで使っている．裏を返せば，その他の遺伝子を使わないという選択をしている．このため，神経，皮膚，肝臓，血液などの細胞は，同じゲノムをもっていながら，それぞれが固有の役割を果たすことができるのだ．血液細胞だけで働く遺伝子があれば，神経細胞だけで働く遺伝子がある．ゲノム上のすべての遺伝子のON/OFF，つまり，遺伝子の使い方を決めているのが**エピゲノム**である（図1-2）．どの遺伝子を使って，どの遺伝子を使わないという，ゲノム上のすべての遺伝子に"印"がつけられている．つまり，「エ

ピゲノム ＝ 修飾されたゲノム」である．このように，ゲノムは
配列情報の総体であり，エピゲノムはその修飾の状態まで含めた
生きた情報の総体である．そう考えると，エピゲノムとは，辞書
に書かれた単語の使い方，いわば【文法】までを含んでいる．そ
の結果，意味のある文章をつくることができる．

　細胞の種類が異なっているならば，遺伝子の働き方は違ってい
るであろう．つまり，エピゲノムが異なることで，その細胞の性
質が決まる．しかも，本書で取り上げるように，食事や運動とい
った生活習慣などの**環境因子**によって，エピゲノムが変化するこ
とが明らかになり，一挙に注目されるようになってきた．

●●● エピゲノムのしくみ

　「エピゲノム」の実体に迫っていこう．"遺伝子の修飾"（印づ
け）とは何であろうか．近年の研究が進んできた中で，その重要
な要素は，「DNA のメチル化」「ヒストンの修飾」および「クロ
マチンの形成」であることが明らかになった．大まかにいうなら
ば，ゲノムの DNA は，メチル化という修飾を受けている．DNA
が巻きつくタンパク質であるヒストンは，多くの種類の修飾を受
けることがわかった．また，クロマチンとは，DNA とタンパク
質が結合した複合体のことである．順を追って説明していこう．

　DNA のメチル化とは，塩基配列の中で，シトシン塩基に**メチ
ル基**（CH₃）がつけられる修飾である（**図 1-9**）．メチル基は，炭
素原子 1 個と水素原子 3 個という最もシンプルな修飾基である．
これには重要な原則が知られている．シトシンの後にグアニン，
つまり，「5′-CG-3′」と並んだ配列の中のシトシンにメチル基が
つけられることだ．たとえば，前述した 5′-GACGCT-3′ の配列

● 1章 細胞の記憶

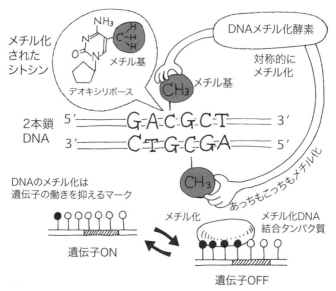

● 図1-9 DNAのメチル化

では，CTのシトシン（5′側から数えて5番目）はメチル化されないが，CGのシトシン（3番目）はメチル化される．これは，細胞がもっている**DNAメチル化酵素**の性質によるものである[1]．

ある遺伝子のプロモーターにおいて，シトシンがメチル化を受けたとすると，メチル化されたDNAを認識するタンパク質（**メチル化DNA結合タンパク質**）が結合して，その遺伝子の転写を抑えるように働く．メチル化DNA結合タンパク質が仲間の抑制性のタンパク質を数多く寄せ集めてくるため，プロモーターがメチル化された遺伝子は発現しなくなる．これとは逆に，発現する遺伝子のプロモーターは，メチル化を受けていないこともわかった．つまり，プロモーターの配列中のシトシンにメチル基をつけたり外したりすることで，特定の遺伝子をON/OFFすることが

できるのだ.

つぎに, ゲノムの DNA とタンパク質が結合した**クロマチン**の中で, **ヒストン**がさまざまな修飾を受けることが知られている[2]. ヒストンとは, パン酵母からヒトに至るまで, ほとんどの生物が共通にもっているタンパク質である. しかも, クロマチンの中にきわめて多量に存在して, DNA が巻きついているので, ヒストンを直接修飾できれば, 目的の遺伝子を ON/OFF する有効な印づけになるわけである. 実際に, ヒストンにつけられるおもな修飾には, **アセチル化**, **メチル化**および**リン酸化**とよばれるものがある. ヒストンにはおもに 4 種類（H2A, H2B, H3, H4）があり, 各々 2 個ずつの計 8 個がひとつの単位となっている. これを**ヌクレオソーム**とよぶ. 特定のヒストンの特定のアミノ酸に, 印がつけられたり印が外されたりする. それぞれの印に合わせて, 異なる結合タンパク質が作用して, その近くの遺伝子の働きが ON/OFF されている. 詳しくは, 第 4 章で述べることにする.

DNA のメチル化やヒストンの修飾のように多くの印がつけられるため, 私はこれをエピゲノムの“ふせんのような法則”とよぶことにした（**図 1-10**）.「ポスト・イット」の商標で知られているふせんに似ているからである. ふせんとは, つけて外して, またつけることができ, そして文字も書き込めて, 何かと便利なものだ. あたかもふせんのように, エピゲノムは 3 つの特徴をもっている. ①使う遺伝子と使わない遺伝子がマークされている, ②マークはつけられたり, 外されたりする, ③マークに対してタンパク質が結合する, というものだ. このように, 分子のレベルで「**エピゲノム ＝ 修飾されたゲノム**」であると理解することができる.

1章　細胞の記憶

● 図1-10　エピゲノムはふせんのついたゲノム

●●● エピゲノムによる記憶

　DNAのメチル化，ヒストンの修飾，クロマチンの形成によって，すべての遺伝子にON/OFFの印をつけている．こうして，遺伝子の働き方を維持したり，環境に応じて変えたりすることができる．その結果として，細胞の性質が決まっていく．では，環境因子との相互作用において，エピゲノムの役割とは何であろうか．「**感知→応答→記憶**」の法則に照らして考えてみたい．

　環境の刺激を受けると，それを受容体が感知して転写因子が応答する．そうして必要な遺伝子群が働いてくれる．通常の場合，**即時の応答**にはこれで十分である．ところが，長期にわたり繰り

返し作用する刺激に対しては，環境因子を**記憶**して準備している．つまり，**予測の応答**のために，エピゲノムはこの記憶を担っているのだ．そうであれば，環境の情報はエピゲノムにどのように記憶されるのだろうか．とりわけ，ヒストンの修飾には，アセチル化，メチル化，リン酸化など，数多くの種類がある．細胞の記憶を担うならば，化学的に安定に維持される性質をもつ必要があるであろう．しかも，それぞれの修飾をつける酵素と取り除く酵素がともに発見されたことで，エピゲノムは状況に応じて**可逆的**に調節されていることが実証されてきた．

　エピゲノムという舞台には，3つの役者が働いている．"ライター"（書き手）は修飾をつける因子，"リーダー"（読み手）は修飾を認識して結合する因子，"イレイサー"（消し手）は修飾を除去する因子である．DNAの**メチル化**を例に説明しよう（図1-11）[3]．シトシンにメチル基を書き込む**DNAメチル化酵素**がライターであり，メチル化されたDNAを認識して結合する**メチル化DNA結合タンパク質**がリーダーである．そして，リーダーは

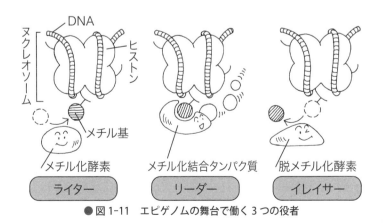

● 図1-11　エピゲノムの舞台で働く3つの役者

1章　細胞の記憶

標的の遺伝子の働きを抑える仲間のタンパク質を引き寄せてくる．このように，ライターがつけた印は，リーダーが読むことで意味づけされる．メチル化が安定に維持されると，遺伝子の働きは OFF になる．しかし，シトシンのメチル基を除去する **DNA脱メチル化酵素**がイレイサーとして働くと，メチル化が外れて，その遺伝子の働きは ON になる．

　これと同じように，タンパク質につけられる「メチル化」も知られている[4,5]．タンパク質を構成するアミノ酸の中で，おもに「リシン」がメチル化されている．ヒストンでは，どのリシンがメチル化されるかによって，その役割が違っている．実際，メチル化リシンの場所によって，遺伝子の ON の印になったり，逆に OFF の印になったりする．特定のリシンをメチル化する**メチル化酵素**（ライター）が作用した後，**メチル化リシン結合タンパク質**（リーダー）が働く．さらに，リーダーは仲間のタンパク質を引き寄せて，メチル化は安定に機能するようになる．環境の変化に応じて，リシンのメチル基を除去する**脱メチル化酵素**（イレイサー）が働くと，そのメチル化はなくなることになる．

　こう述べてきたのは，「メチル化」がエピゲノムの記憶の正体である可能性が高いと考えられるからである．「DNA のメチル化」と「ヒストンのメチル化」は，標的の遺伝子につけられて安定に維持されやすく，脱メチル化は多段階の反応で行われて高度に制御されている．しかも，メチル化の種類や部位（プロモーター，エンハンサー，サイレンサーなど）によって，遺伝子の ON にも OFF にも働く．そこには，いくつものシナリオが想定できるだろう．修飾のない遺伝子にメチル化がなされて，そこにリーダーが働く．つまり，メチル化がエピゲノムの記憶になる．他方，メチル化されている遺伝子にイレイサーが働いて，この修飾が失わ

20

エピゲノムのつくられ方

れる。脱メチル化もまた、エピゲノムの記憶になる。

●●● エピゲノムのつくられ方

　近年、エピゲノムの解析とシークエンス（塩基配列の解読）の技術が目覚ましく発展し、「DNAのメチル化」と「ヒストンのメチル化」を詳しく調べることが可能になった[6]。その結果、エピゲノム全体の特徴として、①細胞種や組織によって、遺伝子の発現やエピゲノムの修飾のパターンは違っている、②同じ細胞でも環境の刺激を受けると、そのパターンは変化する、などがわかった。

　DNAのメチル化を再び挙げると、ゲノム上のメチル化されたシトシンの位置は、同じ細胞でも大まかに1%未満は違っている。これは細胞分裂において、エピゲノムを複製する際に少しの誤差が生じるためと考えられている。シトシンのメチル化は、その隣のメチル化であっても、そのまた隣のメチル化であっても、標的の遺伝子の調節には同じ効果をもつことがある。この場合、標的の遺伝子の近くに複数のメチル化がありさえすればよいのだ。生命体の営みは、完璧でなくとも大きな支障がないよう、少しいい加減にできている。さらに、エピゲノムの状態は、メチル化が0%か100%かではなく、その中間の値があるように連続していることだ。100塩基の配列の中に、メチル化シトシンが0個の場合（非メチル化）、5個の場合（低メチル化）、10〜20個の場合（高メチル化）といった具合である[7]。こうしたエピゲノムの"ゆるさ"が生物自体に幅をもたせて、生命現象がall-or-noneではなく多様になり得るのだ。

　では、エピゲノムのライターやイレイサーの酵素群はどのよう

に特定の遺伝子にやってくるのか．その鍵は，環境の刺激を選択的に感知・応答するしくみにある[8]．たとえば，それぞれの刺激に応答する**転写因子**がエピゲノムの修飾酵素を標的の遺伝子にリクルートする役割を果たしている．細胞が刺激を受けると，特定の転写因子が働いて，一群の遺伝子の ON/OFF が調節される（図1-3）．"使わない"遺伝子であっても，刺激を受けた後では"使う"遺伝子になる．逆に，"使う"遺伝子であっても，刺激を受けた後では"使わない"遺伝子に変わる．こうしたエピゲノムの修飾の総和が，さまざまな生命活動を支えているのだ．

　即時の応答では，刺激に応じて働く遺伝子の近くにあるヒストンがすみやかに**アセチル化**を受ける．つまり，遺伝子の転写を促す ON の印である．その後に刺激がなくなると，脱アセチル化によって，この印は減少していく．ところが，繰り返し作用する刺激に対する**予測の応答**のためには，過去の刺激が**記憶**として残される必要がある．この安定な印づけが**メチル化**であろうと考えられる．とくにヒストンのメチル化は，遺伝子の ON またはOFF の印として，記憶の多様性を生み出すことができる．こうした理由から，「感知→応答→記憶」において「**メチル化 ＝ 記憶の印**」として有力視されているわけである．

　本章の最後に，DNA（ゲノム，エピゲノム），RNA，タンパク質の特性について整理しよう（**図1-12**）．**ゲノム**は細胞の設計図として，"基本的な性質"を決めている．**エピゲノム**は細胞の履歴書のように，"過去に修飾された性質"を示している．これらに比べると，**RNA**や**タンパク質**は細胞の検査値のように，"状況で変わりやすい性質"ということができる．これらが一緒になって，細胞・組織・器官・個体の特徴を形成しているのである．

　この後の章で，それぞれの環境因子を取り上げて，「**感知→応**

エピゲノムのつくられ方

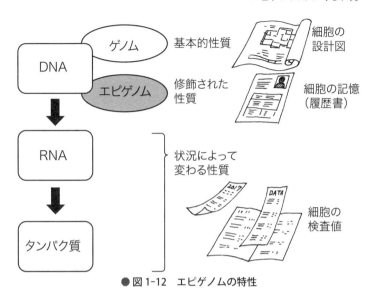

● 図 1-12 エピゲノムの特性

答→記憶」のパスウェイがどう働くのかを考えていこう．身体というマクロのレベル，細胞というミクロのレベルで感知・応答し，それをエピゲノムにどう記憶するのだろうか．こうした観点は，私たち生命と環境が働き合う現実を考えるうえで新しいアイデアを提供してくれる．

●1章　細胞の記憶

〰 ま と め

　さまざまな環境因子を受ける細胞では，「**感知→応答→記憶**」というパスウェイが働いている．細胞の「受容体」（センサー）で刺激を感知し，その情報は細胞核に伝えられ，「転写因子」が特定の遺伝子に働いて応答する．遺伝子には，その刺激を受けたという印がつけられる．同じ刺激が長期にわたって作用すると，こうしてエピゲノムが書き換えられる．その結果，将来の「予測の応答」に備える．本書では，こういった「環境の記憶」について分子のレベルで見ていこう．

空 気
──酸素のもつ功罪──

2

　エピゲノムの変化を通して，私たちを取り巻く環境の情報を細胞がどのように記憶するのかという本題に入る前に，最も身近な2つの環境因子の例を取り上げよう．身体活動の中でも，呼吸と体温調節は無意識に行われる生理的な活動として，生命の維持に欠かせないものだ．まずは，第2・3章で空気と温度を通して，細胞が環境を感知して応答するしくみを見てみよう．

●●● 空気と呼吸

　地球の表面を覆っている無色透明の気体を**空気**（または大気）とよぶ．その組成が，私たちが生きる地球環境を大きく特徴づけている．とりわけ，酸素の割合が多く，二酸化炭素は相対的にかなり少なく，地球とそこにすむ生物によってつくられた産物である．このため，生物は空気に依存して生きているので，この組成をいつも感知している．

　通常，乾燥空気1リットルの重さは，0℃，標準大気圧（1気圧）で1.293グラムである．地上から上空まで気体の体積百分率はほとんど一定．その組成は，窒素78.6％，酸素（O_2）20.9％，

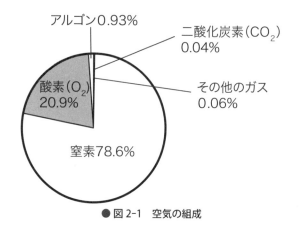

● 図 2-1　空気の組成

アルゴン 0.93％，二酸化炭素（CO_2）0.04％，その他のガス 0.06％である（図 2-1）．これらに比べて，空気中の水（水蒸気）の含量は変動しやすい．「湿度」（％）は，その気温での飽和水蒸気量に対する水蒸気量の割合として計算されている．飽和水蒸気量は，1 m^3 の空気中に含まれる水蒸気の最大量である．私たちが生活をするうえで適正な湿度は 40～60％とされるが，気温などの要素で変動しやすいのは実感する通りである．

血圧測定などで使われる気圧の単位「mmHg」は，水銀柱を何ミリメートル押し上げるかという圧力を示している．たとえば，成人の正常血圧を収縮期血圧 120 mmHg，拡張期血圧 80 mmHgとする．1 気圧（1 atm）＝760 mmHg を用いて，酸素と二酸化炭素のそれぞれの圧力（分圧）を計算してみよう（図 2-2）．空気中の O_2 分圧は 760 mmHg × 0.209 ＝ 158.8 mmHg，CO_2 分圧は 760 mmHg × 0.0004 ＝ 0.3 mmHg である．これは私たちがいつも息をして吸い込んでいる**吸気**に相当する．吐き出す**呼気**は，肺胞内とほぼ同じと考えて，O_2 分圧は 105 mmHg，CO_2 分圧は

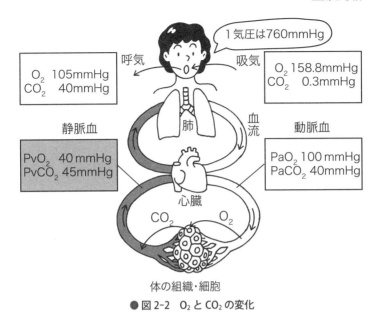

● 図 2-2　O_2 と CO_2 の変化

40 mmHg になり，酸素が減って二酸化炭素が大きく増える．また，体内の血中や組織においては，動脈血（O_2 分圧 100 mmHg, CO_2 分圧 40 mmHg），末梢組織と静脈血（O_2 分圧 40 mmHg, CO_2 分圧 45 mmHg）くらいである．すなわち，**呼吸**によって，酸素と二酸化炭素のガス交換がなされている．吸気に含まれる O_2 は，血液中では，赤血球で酸素運搬にかかわるタンパク質（**ヘモグロビン**）に結合し，体内のすべての組織に運ばれる（図 2-3）．それぞれの細胞でエネルギー産生のために O_2 を消費し，生じた CO_2 が血液に溶けて肺に運ばれる．そして，呼気によって CO_2 は体外に排出されている．

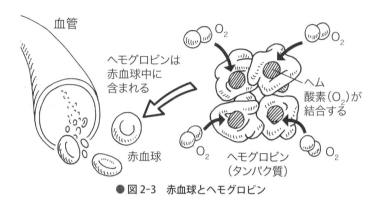

● 図 2-3　赤血球とヘモグロビン

●●● 体内の化学受容体

　では，私たちの体内では，O_2 と CO_2 の濃度をどのように感知するのだろうか．この2つのガス濃度を正確に検出するのが **化学受容体** とよばれるものである（図2-4）．「末梢化学受容器」（O_2 の受容器）および「中枢化学受容器」（CO_2 の受容器）の2つがあって，その情報は脳の延髄にある **呼吸中枢** に集められている[9]．

　末梢化学受容器 は，おもに O_2 センサーとして，動脈血の O_2 濃度の低下を感知する．2か所に位置しており，ひとつは内頸動脈と外頸動脈の分岐部にある **頸動脈小体** である．この分岐点近くの血管は，健康診断で使われる頸動脈エコー検査の目印になる部位である．低酸素があると，頸動脈小体から神経を介して呼吸中枢を刺激し，換気を促進させる．もうひとつの **大動脈小体** も同様に，別の神経を介して呼吸中枢を刺激する．

　中枢化学受容器 は，脳の中の **延髄** にある CO_2 センサーとして，

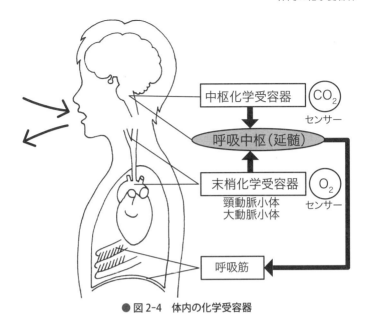

● 図2-4　体内の化学受容器

脳脊髄液の CO_2 濃度の上昇あるいは pH の酸性化（水素イオンの上昇）を感知する．末梢化学受容器のように明確な構造体ではないが，CO_2 感受性細胞がこの部分に散在している．

こうして，末梢と中枢の化学受容体が，体内ガスのセンサーとして働く．2種類の化学受容体が，O_2 の低下，CO_2 の上昇，pH の低下を感知して，呼吸中枢を刺激する．その結果，呼吸筋が活発に動いて換気量が増える．体内に O_2 を取り込み，CO_2 を体外に排出し，pH を正常化していく．こうして，身体内のガス組成がほぼ一定に維持されている．

他の細胞や組織よりも，これらの化学受容器はガスの変化をいち早く鋭敏に感知できる．末梢化学受容器は，動脈血の O_2 分圧が 60 mmHg を下回る程度から応答するようだ．酸素を感知する

●2章 空気

神経が寄り集まって，その感受性を高めているのか，この後に述べる「PHD−HIF1パスウェイ」をすみやかに活性化できるのか，いまのところわかっていない．いずれにしても，ガスの濃度は変動しやすい性質をもつので，その変化をすぐに感知して応答しなければならない．

●●● 酸素を用いたエネルギーの産生

生物は進化する過程で，空気中の酸素濃度に適応するように変化してきた．私たちが生きるために，この酸素濃度が重要な意味をもっている．

ヒトの脳をつくる神経細胞（ニューロン）は，酸素の供給がないと，その機能がすぐに停止し，細胞死を起こしてしまう．酸素に強く依存して，活動のエネルギーを産生しているからだ．体重60 kgの人の場合，脳の重量は約1.4 kg（2％程度）にすぎないが，全身の酸素消費量の約20～25％を占めている．呼吸で取り入れた酸素の大部分は，脳組織で使われているのだ．通常，酸素を用いてエネルギー分子（アデノシン三リン酸 = ATP）を産生するしくみは，細胞内の**ミトコンドリア**で行われるので，**ミトコンドリア呼吸（酸化的リン酸化）**とよばれている（第4章を参照）．

目の前の人が急に倒れてしまったとしよう．救命救急の基本は「心臓マッサージに人工呼吸，AEDの使用」といわれている．心臓や呼吸が止まった人に対して脳の障害を残さずに生存させるためには，3分以内に気道を確保，心肺蘇生（たとえば，人工呼吸2回・胸骨圧迫30回のセットを繰り返す）を行い，自動体外式除細動器（AED）が使えれば電気ショックを与えて心拍を回復

30

させる，といった手順である．救急車が到着するまでの時間は，全国平均で約8分かかるといわれるので，その場に居合わせた人のアクションが大切である．日本救急医学会によると「心停止により脳への酸素供給が途絶えると，意識は数秒以内に消失し，3〜5分以上の心停止では，仮に自己心拍が再開しても脳障害を生じる」という．

　その一方，腎臓や肝臓では，20〜30分の無酸素に耐えることが知られている．しばらくの間，酸素なしにエネルギーを産生できるからである．これは，ドナーからレシピエントへの臓器移植の難易度にもかかわっている．酸素を用いず，細胞質でおもにブドウ糖からエネルギーを産生するしくみが**解糖**である．このように，エネルギー産生の方法によって，体内のそれぞれの組織で酸素に依存する程度が違っている．

　すべての細胞は，「酸化的リン酸化」と「解糖」のバランスを取りながら，ATPを産生している（詳しくは第4章を参照）．エネルギー産生の効率からいえば，酸素を用いる「酸化的リン酸化」のほうが格段に優れている．「解糖」は，酸素が不足している場合，細胞が早く増殖する場合などに使われている．このような理由から，酸素の供給は生体の活動全体に大きな影響を与えるのだ．

●●● 貧血とエリスロポエチン

　血中の酸素濃度が低下すると，呼吸量を高めて酸素を多く取り入れるようになる．しかし，貧血で見られるように，血中の赤血球が少なかったり，ヘモグロビンが低かったりする場合には，呼吸だけでは十分ではない．この場合，低酸素を身体が感知して，

2章 空気

腎臓の細胞から赤血球産生を促すホルモンである**エリスロポエチン（EPO）**の分泌を増やして，骨髄などで赤血球の産生を促進する．その結果，酸素を運搬する赤血球の数が増加すれば，血中の酸素濃度は回復していく．近年の高齢化で増えている慢性の腎臓病では，これに伴って EPO 産生が低下するため，**腎性貧血**を生じてくる（図 2-5）．ひと昔前までは，輸血しか対処の手立てがなかったが，1980 年代後半から世界中で遺伝子組換えによる**エリスロポエチン製剤**が使用可能になった．現在では，世界中で約 200 万人がその恩恵を授かっているという．宮家隆次博士（熊本大学）らが EPO タンパク質の純化に成功して 40 周年（第 27 回フォーラム・イン・ドージン）を記念して，およびユージン・ゴールドワッサー博士の追悼記事を参照してここに紹介しよう[10]．

以前から腎性貧血の治療に有効な因子の存在が予期されていた

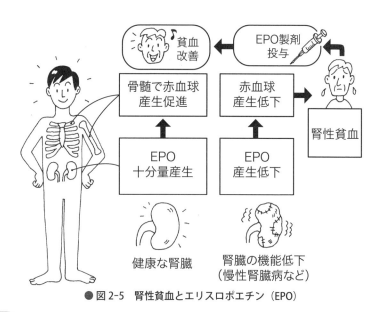

● 図 2-5 腎性貧血とエリスロポエチン（EPO）

が，1950年代にその純化は困難をきわめていた．羊などの動物の血液から純化を試みても，あまりに微量のため，成功に至らなかった．また当時，最も高い活性が検出されたのが**再生不良性貧血**という重度の病気をもつ患者の尿であった．この病気では，骨髄での造血障害があるが，腎臓は正常なので EPO の産生が高く，尿中に漏れ出ていると考えられていた．ところが，尿由来では，そこに混在するシアリダーゼ（糖鎖を切断する酵素）によって，精製途中で EPO がシアル酸を喪失して活性を失うという難点があった．

そういう状況の中で，宮家博士は1960年代後半から純化実験に着手し，シアリダーゼをフェノール処理で失活させながら，1973〜74年に集めた患者尿500リットルから当時の世界最高の比活性をもつ部分精製標本を得ることができた．その後の1975年，2500リットルの患者尿から精製した粗標本をもって，米国シカゴ大学のゴールドワッサー教授（1922-2010年）の研究室に留学した．そこの EPO 活性の高感度測定器を用いて，76年に世界で初めて EPO の純化（10ミリグラム相当）に成功し，翌年にこれを報告した[11]．この EPO タンパク質のペプチド断片のアミノ酸配列が決められて，1985年の EPO 遺伝子のクローニングにつながった[12]．

EPO は分子量の40％に及ぶ糖鎖をもつタンパク質であったため，大腸菌や酵母では糖鎖のついた活性型の EPO 分子を産生できない．そこで，チャイニーズ・ハムスター卵巣細胞に遺伝子を導入して，培養開始から2か月以内に，10グラム以上の純化EPO を安定に産生できるようになった．最終的に，海外の2つの企業が遺伝子組換え型 EPO を完成させて，その臨床応用が実現した．このような経緯で，透析を必要とする腎不全患者の貧血

● 2章 空気

が輸血なしで改善できるようになったのである.

●●● エリスロポエチンとスポーツ

　私たちの身体は，空気中の酸素を必要とするとともに，ある程度は酸素濃度に合わせて適応することができる. たとえば，高地に暮らす人々，高地トレーニングをするアスリートたちは，低濃度の酸素に慣れてふだんの活動ができるようになる.

　高い山に短時間で登ると息苦しくなったり，ときには頭痛や体調の変化を起こしたりすることがある. こうした経験をもった人は少なくないであろう. 明らかな症状が出れば，低酸素による**高山病**とよばれるものだ. ところが，数日も経てば，身体がだんだん慣れてくる. マラソン選手が**高地トレーニング**（たとえば，標高 3000 m に数週間）をする場合がある. 酸素が薄い高地に行くと，血中の酸素濃度も低下する. それを身体が感知して，腎臓の細胞から**エリスロポエチン**の分泌量が増加して，骨髄などで赤血球の産生を刺激する. その結果，酸素を運搬する赤血球の数が増加し，血中の酸素濃度は平地にいたときと同じくらいに回復する. つまり，高地の低酸素に身体が適応したことになる.

　しかも，高地から平地に戻った後も，血液中の赤血球の数，赤血球の中で酸素運搬にかかわるヘモグロビンの量は増えた状態がしばらく維持される. 赤血球の細胞としての寿命は約 120 日である. このため，マラソンに必要な持久力が高まることが期待されるわけである. つまり，高地トレーニングとは，低酸素の環境に対して，私たちの身体が感知・応答することを利用しようとしている. ただし，酸素運搬の能力が上がったとしても，運動能力の全体における効果については専門家の間で評価が分かれているよ

34

うだ．

EPO は，骨髄の中の未熟な赤芽球（赤血球のもとになる細胞）に働きかける．その表面にある**エリスロポエチン受容体**（EPO 受容体）に結合して，そのシグナルが細胞の中に伝えられる．この細胞の増殖と分化が促進されて，赤血球がすみやかに増加する．このような理由から，EPO は世界初の遺伝子組換え製剤として開発されて，貧血の治療に大きな効果を発揮してきた．とりわけ，腎性貧血は，EPO の分泌が低下することによって生じるので，この治療には EPO の補充が最も適しているのだ（図 2-6）．さらに，ヘモグロビンの合成に必要な鉄分などを補給することで，貧血に対する輸血の機会を劇的に減らすことができた．

その一方，EPO 製剤は，世界アンチ・ドーピング機構（WADA）の「常に禁止される物質」に指定されている薬剤であることも事実である．健常人にも EPO を投与すると赤血球が増加するため，身体の酸素運搬の能力を上げて持久力を向上させようとする事例が起こるからだ．しかし，血液中の赤血球が増えすぎると（多血

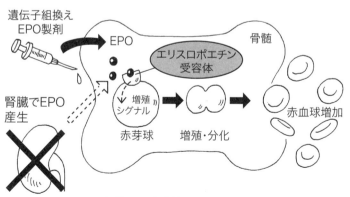

● 図 2-6　貧血治療と EPO 製剤

●2章　空気

症という），その粘度が高くなり，もしも血栓が生じれば心筋梗塞や脳梗塞などの健康被害が起こるかもしれない．元来，スポーツ能力を上げることは目的ではない．実際のところ，自分由来のヒトEPOと遺伝子組換え型のEPO製剤では，アミノ酸の違いによって判別することはできる．ただ，近年に開発された持続型EPOなどは，尿を用いたドーピング検査では検出が難しい場合がある．2020年の東京オリンピックに向けて，フェアな競技を実現するために工夫が求められている．

●●● 細胞の低酸素センサー

　では，分子レベルの話に進んでいこう．貧血や低酸素があると，身体が赤血球を増やしたいのはわかるが，腎臓の細胞で**エリスロポエチン（EPO）**の産生がどのように増加するのだろうか．1992年，米国のジョンズ・ホプキンス大学のグレッグ・セメンザ博士らは，ゲノム上のEPO遺伝子の近くに，低酸素でこの転写を活性化する配列を見つけて**低酸素応答配列（HRE）**と名づけた．それは「A/G CGTG」の塩基配列であった．その後，この配列に特異的に結合する転写因子を発見して，**低酸素誘導性因子1（HIF1）**（ヒフ・ワン）とよぶことにした[13]．HIF1には，アルファ（HIF1α）とベータ（HIF1β）の2種類のタンパク質があって，それぞれ1分子ずつがペアとなって働いている．このうち，**HIF1αが低酸素に対する応答を担っていた**（**図2-7**）．

　細胞内のHIF1αのタンパク質の量は，通常の酸素濃度ではかなり低かった．ところが，低酸素の条件下にすると，そのタンパク質がすみやかに増加することがわかった．詳しく調べてみると，通常の酸素濃度下では，HIF1αは合成されてはすぐに分解

―――――――――――――――――――――― 細胞の低酸素センサー

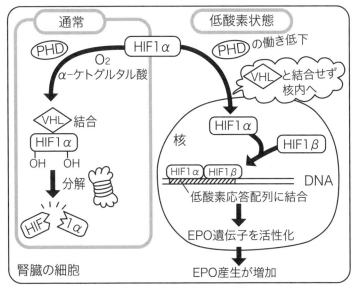

● 図2-7 低酸素応答のしくみ

されるという，不安定な性質をもっていた．他方，HIF1β は，細胞内で安定に存在していた．こうして，細胞が低酸素を感知するしくみが解かれていく．

フォン・ヒッペル・リンドウ病という，まれな遺伝病がブレークスルーの契機になった．体内の複数の組織に**がん**を生じる病気である．脳や目の網膜に血管腫（血管でできた腫瘍），副腎に褐色細胞腫（血圧を上げるホルモンを分泌する腫瘍），そして年齢が高くなると腎臓がんを伴いやすい．このため，10～30歳ごろに，頭痛，視力障害，高血圧などの症状が現れることが多い．1993年，*VHL*（ブイ・エイチ・エル）という原因遺伝子が発見されて，患者にいくつかの変異があることがわかった．VHL が正しく機能しないと腫瘍を生じることから，**がん抑制タンパク質**のひとつ

●2章 空 気

である. そして, 細胞内で HIF1α および VHL のタンパク質が働き合って, 通常の酸素濃度で, HIF1α が分解されていることが示された.

では, HIF1α と VHL は, どのように酸素によって調節を受けるのだろうか. HIF1α タンパク質を構成するアミノ酸が**質量分析法**を用いて調べられた. この方法の原理は, 2002 年に田中耕一博士らがノーベル化学賞を受けた発見「生体高分子の同定および構造解析のための手法の開発」にある. タンパク質をペプチド(複数個のアミノ酸からなる断片)に切断して, その質量を分析すると, 個々のアミノ酸がどういう修飾基をもっているのかがわかる. その結果, 通常の酸素濃度下で, HIF1α が特定のアミノ酸(2 個のプロリン)の**水酸化**(水酸基($-OH$)がつく)を受けることが明らかになった.

そうであれば, 細胞には HIF1α の水酸化を行う酵素があるはずだ. 多くの実験が行われて, **プロリン水酸化酵素**(PHD とよぶ)が同定された[14, 15]. 現在までに, この酵素は, 酸素, 細胞の代謝産物(α-ケトグルタル酸という)を用いて, 鉄イオン(Fe^{2+})とアスコルビン酸(ビタミン C)の存在下で, プロリンを水酸化することが証明された.

低酸素になると, 酸素を必要とする PHD の働きが低下して, プロリンが水酸化されていない HIF1α が増えることになる. その結果, VHL との結合が外れ, 分解されない HIF1α が細胞内に蓄積するというシナリオだ. こうして蓄積した HIF1α は, パートナーの HIF1β とともに, 多数の遺伝子を活性化することが明らかになった. その重要なターゲットのひとつが, 低酸素で誘導される **EPO 遺伝子**であった.

まとめてみると,「**PHD−HIF1 パスウェイ**」とは, PHD が低

38

酸素に対する細胞のセンサーとして感知して，安定化した転写因子 HIF1 が低酸素に必要な遺伝子を働かせるという応答がなされている．

●●● がん細胞のワールブルグ効果

　酸素は，細胞の「酸化的リン酸化」によるエネルギーの産生に欠かせない．このため，低酸素は生物に重大な障害を起こし，その生命を脅かすものである．このため，低酸素に対して，生体の恒常性を維持しようとする「PHD−HIF1 パスウェイ」をもっている．

　正常な細胞は，酸素があれば「酸化的リン酸化」でエネルギーを産生する．ところが低酸素の条件になると，エネルギー（ATP）を確保するために，O_2 に依存する「酸化的リン酸化」から，O_2 に依存しない「解糖」にシフトする調節能力がある．すなわち，「PHD−HIF1 パスウェイ」が働いて，解糖を主体にするように切り替わるのだ．実際に，HIF1 が転写を活性化するターゲットには，細胞内にブドウ糖を取り込むトランスポーターおよび解糖にかかわる酵素遺伝子群が数多く含まれている．

　一般に**がん**といえば，血液のがんと臓器のがん（固形がん）に分けることができる．白血病などの血液のがん細胞は，おもに骨髄やリンパ組織，血液中に存在している．骨髄の中はほとんど低酸素の状態であり，また血液中の酸素濃度は変動する．他方，固形がんでは，細胞が速く増殖して腫瘍を形成するので，その内部では血管新生が追いつかない．急いで伸びる腫瘍血管は蛇行して脆弱で，その血流は不安定である．いずれの場合も，がん細胞は低酸素になりやすいため，HIF1α のタンパク質が蓄積しやすい．

しかも，HIF1αを蓄積する場合，がんの悪性度が高く，浸潤や転移を起こす能力が高い[16].

正常な細胞は，低酸素の条件下でHIF1αが働いて，「解糖」を主体とするエネルギー産生を行う．これが通常の「低酸素応答」である．しかしながら，がん細胞では，酸素濃度が通常でも低くても，HIF1αが分解されずに安定に働いて「解糖」を優位に使っていることがわかった．つまり，酸素の有無にかかわらず，いつも「解糖」が行われている．かなり前に，ドイツの生理学者・医師であるオットー・ワールブルグ（1883-1970年）が報告したことから，これを**ワールブルグ効果**という．正常細胞とがん細胞の性質を区別する特徴のひとつになっている（図2-8）．

がん細胞の多くで，HIF1αが蓄積しやすいのはなぜであろう

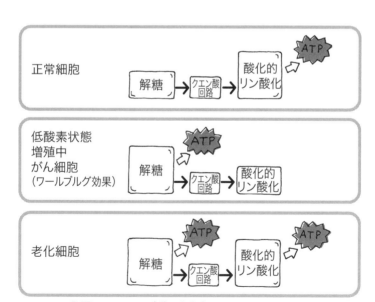

● 図2-8　ATPの産生のしかた（老化細胞は第8章を参照）

か．PHD によって水酸化された HIF1α は，VHL と結合して分解される．しかし低酸素になると，この PHD が働きにくいので，HIF1α が蓄積して低酸素応答を行うと述べてきた．がん細胞では，酸素があっても，HIF1α が分解されないメカニズムがあるのではないか．こうした研究が進んで，PHD 酵素の活性には，酸素だけでなく，前述した **α-ケトグルタル酸** という代謝産物が必要であることが注目された（図 2-7）．

　細胞内の代謝においては，**解糖，クエン酸回路**（クレブス回路または TCA サイクルともよぶ）から**酸化的リン酸化**につながる経路が最も基本である[16]．このため，まとめて"中心代謝"とよんでいる．α-ケトグルタル酸は，クエン酸回路の中で**イソクエン酸脱水素酵素**という酵素によってつくられる．ところが，ある種のがん細胞では，この酵素に変異が生じた結果，PHD が働き難くなって，HIF1α は水酸化されずに蓄積し，酸素があっても「解糖」を主体とすることがわかった．

　細胞の低酸素応答に「PHD－HIF1 パスウェイ」が大切な役割を果たしている．がん細胞はこの経路を活性化して，多量のブドウ糖を取り込んで解糖を恒常的に続けることで増殖していく．この分子メカニズムが明らかになったことで，新たな診断技術や治療の開発が行われた．がん細胞がブドウ糖を取り込む特徴を利用して，有効な画像診断法が開発された．ブドウ糖に特殊な修飾を加えた「フルオロ・デオキシ・グルコース」（FDG）を用いて，身体の中の小さな腫瘍を検出する**ポジトロン断層撮影法**（PET）である．通称，**FDG-PET** とよばれて，多くの病院で使われている．その他，がん細胞に特有の代謝酵素に対する薬剤の開発を含めて，治療的なアプローチが進められている．

●2章 空気

●●● 酸素の功罪

　酸素は，生物がエネルギーを産生するのに不可欠なガス分子である．その一方で，酸素は多くの物質と結合して酸化物を生成するという化学的な性質をもっている．これを**酸化**とよぶ．たとえば，鉄は酸化されて，さびていく．しかも，生体内で，酸素の一部は，より反応しやすい「活性酸素」または「フリーラジカル」に変化する．**活性酸素**は，酸化力の高い酸素（過酸化水素[H_2O_2]，一重項酸素[$^1O_2$]など），**フリーラジカル**は，ペアを組む電子が不対になって反応性が高く不安定な分子（スーパーオキシド[$O_2^-\cdot$]，ヒドロキシラジカル[$\cdot OH$]など）．このように活性化された酸素群をまとめて**活性酸素種**（通称，ROS）とよぶ．細胞の中では，ミトコンドリアで酸素を使ったエネルギー産生（酸化的リン酸化）の過程で発生しやすい．活性酸素種は，一過性で不安定な存在であるが，多くの分子と反応しやすい危険性をもっているのだ．

　他方，活性酸素種は，生理的に大切な役割をもっている．白血球などは，産生した活性酸素種を用いて，体内に侵入したウイルスや細菌，カビを死滅させることで，感染防御に働いている．一酸化窒素（NO）は，血管を弛緩させて，末梢組織への血流を維持する働きをもつ．このため，細胞や組織の機能にかかわる生理活性物質でもある．

　しかしながら，活性酸素やフリーラジカルが過剰に産生されると，多くの生体分子と反応して細胞自体に大きなダメージを与える．ゲノムDNAと反応すると，遺伝子の変異や染色体の異常を生じる．細胞内のタンパク質を酸化すると，変性した酵素はその

活性を失う．細胞膜の脂質と反応すると，過酸化脂質を生じる．これらの結果として，がん，老化，生活習慣病など，多くの疾患を発症しやすい原因になることがわかってきた．

このため，生物は活性酸素種から自己防御するしくみをもっており，これを**抗酸化**とよんでいる．つまり，活性酸素種による「酸化」および抗酸化物質・抗酸化酵素による「還元」のバランスによって，生体の恒常性が維持されている（図2-9）．一般に，酸化反応が強く起こって細胞の障害を起こす状態を**酸化ストレス**という[17]．これに対して細胞は，活性酸素種の産生を抑制したり，発生したフリーラジカルを不活性化したりする．また，細胞の修復酵素が分子のダメージを回復させるなど，抗酸化による生体の防御がある．

酸素濃度の上昇や活性酸素種の増加に対して，細胞はどのように感知して応答するのだろうか．低酸素の条件下の「PHD－HIF1 パスウェイ」のようなしくみが，酸化ストレスにおいても存在するのだろうか．

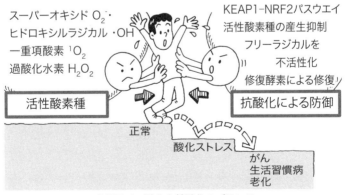

● 図2-9　酸化と抗酸化のバランス

NRF2（エヌ・アール・エフ・ツー）という転写因子が，酸化ストレスに応答して活性化されることが知られている．ゲノム上の**抗酸化応答配列**に結合し，上述した抗酸化酵素（グルタチオン-S-トランスフェラーゼ，ヘムオキシゲナーゼ，スーパーオキシド・ジスムターゼなど）の遺伝子群の転写を誘導して，生体防御や細胞の恒常性の維持に働いている．また，環境中の化学物質や薬剤に対しても，解毒酵素の遺伝子の働きを高めて，細胞の抵抗性を増強していることがわかってきた．

酸化ストレスに対して，相方の **KEAP1**（キープ・ワン）が感知して，NRF2 が応答するので，これを「**KEAP1－NRF2 パスウェイ**」とよぶことにする（詳しくは第 5 章）．興味深いことに，**低酸素ストレス**に対する PHD－HIF1 パスウェイ，**酸化ストレス**に対する **KEAP1－NRF2 パスウェイ**では，よく似たメカニズムで調節されている．転写因子である HIF1α および NRF2 は合成されながら，いつもはほとんど分解されている．しかし，もしも酸素にかかわる緊急事態が起これば，その分解を止めて，すぐに働いて応答できるというしくみが常備されているのだ．

●●● 低酸素ストレスに対する記憶はあるか ——

空気の組成の中で，酸素は生命の源のひとつである．このため，私たちの身体は酸素を安定に利用するために，即座に感知して応答するしくみをもっている[18]．では，低酸素ストレスが短期や長期に作用した場合，「PHD－HIF1 パスウェイ」が活性化されて，それが細胞のエピゲノムの記憶につながるのか．あるいは，酸素の実際の値に合わせて，いつもリアルタイムに感知と応答を繰り返しているのだろうか．

アスリートの高地トレーニングで述べたように，「PHD−HIF1パスウェイ」が働いて，腎臓で EPO の合成・分泌が起こり，骨髄で赤血球の産生が増えて，血中ヘモグロビン濃度の増加をもたらす．その結果，低濃度の酸素に慣れてふだんの活動ができるようになる．これは，短期の環境適応の例と考えられる．他方，高地居住者については，人種の違いに加えて，空気の濃度，気温，食糧，標高，地形など生活環境が影響するので，その報告はさまざまである[19, 20]．高地居住者の血中ヘモグロビン濃度は低地居住者よりも高い（アンデス先住民），高地居住者はむしろ血中ヘモグロビン濃度を低くする遺伝子型をもつ（チベット族），むしろ呼吸数や心機能が代償的に増加している，など．高地居住者のエピゲノムに長期の低酸素状態に対する特有の修飾があるのかどうかについては明らかでない．

科学的に考えられるのは，HIF1 が結合する**低酸素応答配列**（A/G C̤G̤TG）の中に「C̤G̤」があるので，DNA のメチル化を受ける可能性があることだ（第 1 章）．メチル化を受ければ HIF1 は作用しにくくなり，逆に，メチル化がなければ結合しやすい．低酸素にさらされる「がん細胞」では，HIF1 が作動しやすいので，標的の遺伝子の低酸素応答配列の脱メチル化が生じていることが報告されている．つまり，がん細胞で HIF1 が遺伝子に作用しやすくなっていると考えられる．このように，低酸素ストレスに対しても，特定の遺伝子のメチル化の有無がエピゲノムの記憶になる可能性が示されてきた．酸素応答に対するエピゲノムの役割について明らかになれば，低酸素による高地トレーニング，高圧酸素を用いた治療などに関しても分子レベルの理解が深まることであろう．

2章 空気

まとめ

　本章では，酸素に対する**「感知→応答→記憶」**について述べてきた．低酸素には**PHD−HIF1 パスウェイ**が働く．PHD が感知して，HIF1 がエリスロポエチンや解糖系の遺伝子などを活性化することで応答している．逆に，酸化ストレスには**KEAP1−NRF2 パスウェイ**が応答して，抗酸化酵素や解毒酵素の遺伝子を活性化する．生命活動に直結する酸素応答で，ともに鍵となる転写因子がその分解によってコントロールされる点が興味深い．ここで述べた転写因子は，すべてエピゲノム上で働いているので，酸素環境がエピゲノムの記憶にどうつながるか，これからの研究の進展が期待できる．

3

温　度
——暑さ・寒さに備える——

●●● 温度の単位

　温度は，温冷の程度を示す指標である．正確にいうと，物質の熱量（分子の運動による）を数値化したもので，特定の基準を用いて計っている．たとえば，2つの物体（AとB）が接触しているとしよう．物体間に温度の高低差があれば，熱が方向性をもって移動する．Aを基準（温度計）とすれば，接触するBがもつ熱量を算出できる．

　単位は，記号「°」を用いて，そのあとに温度目盛りの名称の頭文字がつける．日本を含めて多くの国で使われる「摂氏」（℃，セルシウス度，セ氏），米国など英語圏で使われる「華氏」（°F，ファーレンハイト度，カ氏）がある（図 3-1）．

　摂氏 ℃は，標準気圧で水が凍る温度（凝固点）を 0 度，水が沸騰する温度（沸点）を 100 度として，その間を 100 等分した温度を 1 度としている．他方，**華氏 °F**は，標準気圧で水の凝固点を 32 度，水の沸点を 212 度として，その間を 180 等分して 1 度とする．中途半端な数字のように見えるが，塩水が凍る温度を 0 度，羊の体温を 100 度（ヒトの体温より少し高い）にしたといわ

● 3章 温度

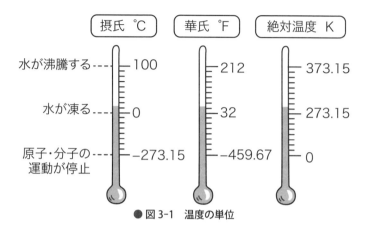

● 図 3-1　温度の単位

れている．

　私たちの生活の中で，おもに「摂氏」「華氏」の単位が使われているが，熱力学や物理学では**絶対温度 K**（ケルビン）が用いられる．温度が上がるにつれて，原子や分子の運動は高まる．気体や液体では活発に動いているが，固体でも原子や分子は決まった位置でかすかに振動している．しかし，絶対温度 0 K では，熱エネルギーがゼロであるため，完全に停止する．これを「絶対零度」といって，−273.15℃ に相当する．このため，絶対温度にマイナスはない．

　水の変化を基準にするほうがわかりやすいので，国際的に「℃」を使う機会が増える傾向にある．各国の歴史や文化もふまえて，使いやすい温度の単位を選択するのがよいであろう．換算式は以下のようである．

　　摂氏→華氏：F ＝ (9/5) × C+32
　　　　　　摂氏温度に5分の9をかけて，32を足す

華氏→摂氏：C＝(5/9) × (F−32)

　　　　華氏温度から 32 を引いて，9分の5をかける

　たとえば，ヒトの体温の近くでは，摂氏 36℃（→ 96.8°F），36.5℃（→ 97.7°F），37℃（→ 98.6°F），37.5℃（→ 99.5°F），38℃（→ 100.4°F）であり，他方，華氏 100°F（→ 37.7℃）である．

●●● 皮膚という感覚器

　私たちは物体の温度をどのように感じるのか．肌で感じるというように，全身の外表面を被う**皮膚**が"感覚器"の働きをしている．身体の外部と内部を隔てながら，周囲の環境からさまざまな情報を受け取っている．

　「皮膚」について特徴をまとめてみよう．①身体の中で最大の器官である．成人の皮膚は，約 2 m² の面積，約 4.5 kg の重量（体重の 7％程度）をもっている．眼，鼻，耳などの他の感覚器と比べると，その大きさが際立つ．②体表のどこに刺激が作用したか，その部位を特定できる．後で述べるように，皮膚全体に感覚神経の受容体が分布している．③種類の異なる刺激をそれぞれ感知する．「触覚（および圧覚）」「温度覚（温覚・冷覚）」「痛覚」は，まとめて**皮膚感覚**とよばれている．④刺激に対する感度が低い．つまり，皮膚の感覚神経が興奮するために必要な刺激のしきい値が高い．この鈍さのために，私たちは服を着ても気にならない．⑤体温調節において，保温と放熱をともに担っている．

　次に，皮膚を解剖学的に見てみよう．基本的に 3 つの層構造をしている（**図3-2**）．最も表層が**表皮**である．その付属器である**汗腺**は，体温が上昇すると発汗を促し，放熱によって体温を調節す

●3章 温度

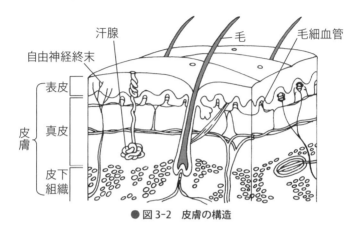

● 図3-2 皮膚の構造

る.表皮の下にあるのが**真皮**（コラーゲンなどの線維成分に富む）.**毛細血管**に富んでおり,その血流を増減して放熱と保温を行う.さらに下には**皮下組織**（皮下脂肪が豊富）.真皮と筋肉の間のクッションとして,体温を保持している.皮膚の感覚神経は,皮下組織から真皮に向けて分布している.

温度覚には,温かさを感じる**温覚**,冷たさを感じる**冷覚**がある[21].この**温度受容体**として,全身の皮膚に分布する**自由神経終末**が働いている.各々の神経終末が,おおむね直径1mmの点を感知するという.

温受容体（温点）は32〜48℃の範囲で,**冷受容体**（冷点）は10〜40℃の範囲で作動するといわれている.この範囲よりも高温または低温の場合には,「痛覚受容体」が働いて"痛み"として感知される.身体にとっての危険信号なのであろう.1cm^{2}あたりの温度受容体の数を調べてみると,口唇には足裏の約6倍の密度で受容体があるため,熱さと冷たさを感じやすい.また,皮膚全体で,温点よりも,冷点のほうが多く存在している.

体温調節と発熱

　ひとつ注目したいことは，温度受容体が，温度の実際値ではなく，温度の変化を検出している点である．つまり，温受容体は温度の上昇を感知し，冷受容体は温度の下降を感知する．たとえば，プールで同じ温度の水に入るとしよう．身体が冷えているならば，温度が上がるために温覚が働いて，水を温かく感じる．逆に，身体が温まっていると，温度が下がるために冷覚が働いて，水を冷たく感じる．私たちの温度覚とは，自分の体温が変化する方向を感知しているのだ．

　こうした理由のため，温度覚は"順応しやすい"という特徴をもつ．10～40℃くらいの範囲では，同じ温度に数秒間で慣れてしまう．その後は神経が興奮して生じるインパルスの頻度が減る．ところが，温度の変化を感じなくなっても，体温調節は常に必要としている．たとえば，寒さに慣れても，熱を産生する筋肉の震えは続いて，体内に蓄積したエネルギーは消費される．他方，暑さに慣れても，放熱のために発汗は続いて，体内の水分は失われる．こうした温度覚と実際の体温の違いが，無意識のうちに「低体温」や「熱中症」につながる危険性を生じるのだ．温度に対する応答は，私たちの生存に欠かせないものである．

　このように，皮膚は「内部の体温を調節する」「外部の温度刺激を受容する」という大切な役割をもっている．

●●● 体温調節と発熱

　生物の進化の中で，それぞれが環境温度に適応してきた．南極や北極の寒冷地に生息する生物，熱帯・亜熱帯に生息する生物，さらには，火山の熱水噴出孔に生息する生物．そう考えると，ヒトは創造した文明の助けを借りて，寒冷地から熱帯地まで幅広く

● 3章 温度

適応している生物である．たとえば，日本列島はその面積は小さくても，全長約 3000 km の距離に及ぶ．1 年間の**気温**の幅は，北側の−20℃ から南側の 40℃ まで，60℃ 以上になる．1 日の最高・最低気温にも幅がある．

気温の幅とは対照的に，ひとつの生物種が生存できる**体温**の幅はかなり限定されている．ヒトは恒温動物として，深部体温は通常 36.5〜37.5℃，1 日の変化は 1℃ 程度に保たれている．食べて蓄えた栄養分を**代謝**することでエネルギー（ATP）を合成し，そのエネルギーの約 30% を運動に使い，約 70% を基本的な細胞機能と体温の保持に使う．つまり，私たちの生命活動の大部分は熱の産生にあてられている．震えという筋収縮を行う**骨格筋**，代謝機能を担う**肝臓**，低温環境で熱産生を行う脂肪組織（とくに**褐色脂肪**）などによる．

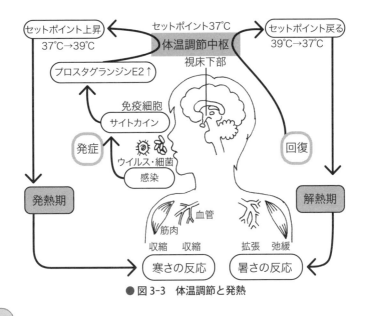

● 図 3-3　**体温調節と発熱**

体温が35℃以下になると**低体温**の症状が現れる．山での遭難などで，33〜34℃が意識の有無，つまり，生死を分ける限界といわれる．体内の化学反応を担うタンパク質（酵素）が働けなくなるからだ．その一方，通常，38℃以上を**発熱**とする．こうした**高体温**では，41℃になると意識障害が起こり，42℃以上では生存できない．身体を構成するタンパク質が熱で変性して，脳の障害とともに生命機能が停止してしまう．

このため，私たちは気温の変動に適応しながら，体温を一定に保とうとするしくみをもっている．脳の**視床下部**にある**体温調節中枢**がその司令塔である（図3-3）．この中枢が設定した体温を**セットポイント**という．平常時のセットポイントは，体内の酵素がよく働ける37℃前後の体温に設定されている（図3-4）．

細菌やウイルスの感染症により炎症が起こると，白血球などの

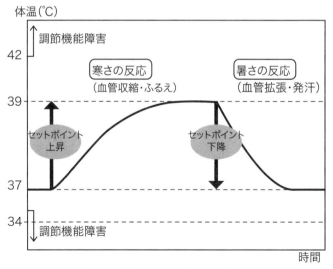

● 図3-4 **体温のセットポイント**

免疫細胞から**サイトカイン**とよばれるタンパク質が血中に多量に分泌される．サイトカインは身体の組織で**プロスタグランジンE2**という物質の産生を促し，最終的に中枢の神経細胞に作用して，セットポイントが高く設定される．たとえば，セットポイントが 37℃ から 39℃ に上げられると，これに合わせて，身体は代謝や筋肉の動きを活性化して，体温を 39℃ に上昇させる．これが**発熱期**である．体温が上がるときは，血管が収縮し血流が減って，体内の熱が外に逃げないようにする．このため，顔色は青白く見える．また，骨格筋が収縮して震えが起こり，熱を産生する．すなわち，**寒さの反応**が起こる．体温を上げて細菌やウイルスの増殖を抑え，体内の免疫細胞を活性化しようとする防御反応である．なお，**アスピリン**（アセチルサリチル酸）などの解熱剤は，プロスタグランジン E2 を合成する酵素（シクロオキシゲナーゼ）を阻害するものである．

その後，発熱の原因が取り除かれると，中枢のセットポイントはもとの 37℃ 前後に戻っていく．実際の体温がセットポイントよりも高くなっているので，身体は体温を下げようとする．いわゆる**解熱期**である．血管が弛緩し血流は増えて，体内の熱は外に逃げる．顔色は赤く紅潮する．汗腺が働いて，発汗による放熱を促す．骨格筋は弛緩して，熱の産生は抑えられる．これが**暑さの反応**である．

こうした発熱と解熱の時期に合わせて上手に対処するとよい．「寒さの反応」には，衣服や布団を掛ける．逆に「暑さの反応」には，薄着にして涼しくする．私たちの体温は，まわりの環境の温度，身体の熱産生と放熱のバランスの上に成り立っている．

熱中症

●●● 熱　中　症

　地球温暖化といわれて久しいが，夏季に猛暑日が続くことは多い．しかも，高齢化社会の進行とともに，高齢者に熱中症の危険性は増加している．「高い環境温度による生体の機能不全」を**熱中症**とよぶ．体温の異常な上昇が生じ，軽症から重症まで段階的に進行することもあれば，短い時間のうちで急速に重篤化することもある．重症な場合を**熱射病**とよんでいる（図3-5）．

　熱中症の症状として，40℃以上の体温上昇，頭痛，気分不良，めまい，頻脈などから，進行すると意識障害やショック状態になる．毎年のように死亡例が起こっている．高体温になっても発汗が少なかったり，逆に，運動に伴う熱中症では多量の発汗を認めたりと，どういう自覚症状や他覚症状が目立つのかは状況によって異なっている．

　熱中症を**体温調節中枢**の働き方から考えてみる．この中枢のセットポイントは37℃前後であるが，環境や体調によっては，体温が40℃以上に急速に上昇してしまう．脳自体も正常に働けず，中枢が調節できる限度を超える．その結果，皮膚の血管拡張や発汗などの「暑さの反応」による体温調節がうまく働かず，体温はさらに上昇する．体温が40℃以上であれば，多くの酵素の活性が弱まり，多臓器不全を生じやすい．血液の循環が不良になれば，放熱ができない．とくに，子どもや高齢者は発汗機能が不安定になりやすく，高温に対する適応能力が劣っている．高体温には脱水症を伴いやすいので，水分と電解質の補給が必要になるが，この補給がないと全身状態はますます悪化していく．

　同じ高温環境下でも，その適応には年齢差や個人差がある．熱

55

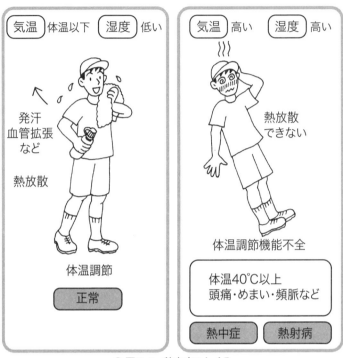

● 図 3-5　熱中症のしくみ

中症にかかりやすい人，過信はできないがかかりにくい人がいる．その特定の因子がわかれば，予防策ができそうだ．次に述べる「熱ショック応答」にかかわるパスウェイはその解明の糸口になるものである．

●●● 熱ショックへの応答

　私たちが許容できる体温の幅が小さいために，たとえば，5℃の変動は身体の状態に大きな変化をもたらす．とりわけ，生物が

熱ショックへの応答

　高い温度にさらされると，**熱ショック応答**（ヒートショック）が起こる．この応答は，大腸菌から高等動物まで広く存在して，身体を構成する細胞が基本的にもっているしくみである．逆に，低い温度にさらされた場合の**冷ショック応答**（コールドショック）もある．ここでは，よくわかっている熱ショックに対する「**感知→応答→記憶**」について考えてみよう．

　培養細胞を用いて，通常の37℃から高温の42℃に温度設定を変えてみる．こうした温度条件を検討する中で，高温下で生存するために働く転写因子が発見された．**熱ショック因子**（HSF）とよばれて，熱ショックに対する応答に働く遺伝子群を活性化するものだ．通常の温度では，HSFは細胞質で**熱ショックタンパク質**（HSP）と結合して待機している．細胞が高温にさらされると，熱変性したタンパク質が細胞内に急激に増える．HSPは変性タンパク質を認識して結合し，その悪影響を抑えようとする．ときには，変性タンパク質が分解されるように促す．さまざまな状況に対応できるように，数多くの種類のHSPがあって，タンパク質の折りたたみを調節する**シャペロン**とよばれている（図3-6）．

　正常なタンパク質は，その構造上，内側に疎水性，外側に親水性の性質をもっている．高温環境下では，細胞内に変性した不良タンパク質が多量に生じて，外側に疎水性部分を露出するため，他のタンパク質などに結合して凝集しやすくきわめて危険である．多くのHSPがその対応に動員されると，HSFは自由に働くことが可能になる．そこで，3分子のHSFが集まって転写因子として働き，ゲノム上の**熱ショック応答配列**（HSE）に結合して，標的とする遺伝子群の転写を活性化する[22]．巧妙なことに，この緊急事態に備えて，HSE配列の近くにRNA合成酵素がスタンバイしている．このため，HSFがすぐに転写を開始できる．こ

57

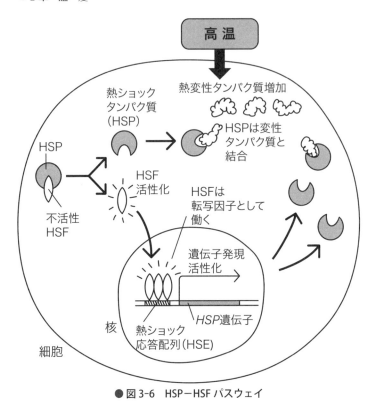

● 図3-6 HSP－HSFパスウェイ

のHSEの塩基配列は，多くのHSP遺伝子のプロモーターに存在している．つまり，HSFはHSP遺伝子群を活性化して，新たにつくられたHSPは変性タンパク質をさらに押さえ込むことができる．

その後に，変性タンパク質が修復・除去されて細胞が回復すると，過剰なHSPがHSFに再び結合して転写機能は抑えられる．すなわち，熱ショックが起こると，HSPが変性タンパク質を感知して，HSFがHSP遺伝子群を活性化して応答するというしく

筋肉が熱をつくる

みである．HSF 側から見れば，通常は HSP によって阻害されている．そこに熱ショックが起こると，その阻害が解除されて，HSF がすぐに働ける．このように，**HSP−HSF パスウェイ**は，熱ショックのときに HSF が確実に働けるように備えられている．

　HSP は，熱の他にも，酸，金属，酸化ストレスなどの細胞刺激によって誘導されることが知られている．このため，「ストレス応答」を幅広く担う**ストレスタンパク質**と考えられている．誘導された HSP を蓄積した細胞は，その後のストレスに対する抵抗性をもつようになる．細胞レベルでも，適度なストレスを受けることで，打たれ強くなる．ストレスに対する慣れのようなものだ．逆に「ストレス応答」が不十分であれば，新たなストレスの影響を直接に強く受けやすくなる．

●●● 筋肉が熱をつくる

　身体の中で体温を産生したり保持したりする役割を果たすのが，筋肉組織と脂肪組織である．発生過程の「細胞の分化」の系譜から見ると，これらの組織は近くてよく似た特徴をもっている．とりわけ，エネルギー消費・産生という代謝の活性が高いうえに，環境の刺激に対して自らを変える能力（可塑性）が高いという点が共通している．最初に，体重の約 30〜40％を占める**骨格筋**の役割について取り上げよう．歩く・走る・座るなどの運動と姿勢は，筋肉が収縮・弛緩することで成り立っている．さらに，熱を産生することが重要な働きである．筋肉のエネルギー消費量のうち，60〜70％が熱に変えられている．とりわけ，寒いときには，筋肉が収縮して身体が震え，熱を産生して体温を維持しようとする．確かに身体が震えると温かくなる．また同様に，運

3章 温度

動すると熱を生じる．すなわち，「筋肉の動き ≒ 熱の産生」であり，身体全体の熱産生のうち，骨格筋が半分以上を担っている．

筋肉細胞（筋線維という）は，エネルギー代謝のメカニズムや収縮・弛緩のしかたによって，速筋線維と遅筋線維の2種類に大別されている（図3-7）．**速筋線維**（白筋とよぶ）は，瞬発的な筋収縮を行う．ブドウ糖（グルコース）を用いた解糖によってエネルギー（ATP）を産生するので，乳酸がたまって疲労しやすい．また，短く最大限に出力する運動（短距離走，ウエイトリフティングなど）によって，肥大化してくる．その一方，**遅筋線維**（赤筋とよぶ）はミトコンドリアが豊富であり，持続的な筋収縮に働く．姿勢の保持などにいつも働いており，また長距離ランナーは遅筋を使って走り続けることができる．脂肪酸とブドウ糖をエネ

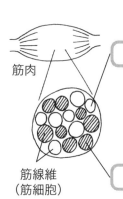

筋肉

筋線維（筋細胞）

速筋線維（白筋） …瞬発的運動

ブドウ糖を消費して　解糖　により
エネルギーを産生
乳酸がたまって疲労しやすい
中間型の筋線維（ピンク線維）へ変化する

遅筋線維（赤筋） …持続的運動

ミトコンドリアが多い
脂肪酸とブドウ糖を消費して
　酸化的リン酸化　でエネルギーを産生
体脂肪を燃焼
熱産生効率が高い

● 図3-7　2つの筋線維の特徴

ルギー源として，ミトコンドリアで酸素を用いた酸化的リン酸化でエネルギーを産生する．このため，遅筋を働かせると体内に蓄積した脂肪を燃焼することになる．身体の中のそれぞれの筋肉を見ると，速筋線維と遅筋線維の両者がそれぞれの割合で含まれている．その構成割合によって，速筋線維が優位な筋肉，遅筋線維が優位な筋肉といった性質が決まるわけである．未分化な細胞から筋線維に分化する過程では，特定の転写因子が働いて，DNAのメチル化やヒストンの修飾というエピゲノムが段階的に変化することがわかっている．

体温をつくる熱産生において，速筋線維と遅筋線維はその役割を分担している．速筋線維は，運動というパワーを出しながら，体温を上げている．安静時にも熱をつくっているが，熱産生の効率はさほど高くはない．他方，遅筋線維は，見た目に大きな出力はなくても，ミトコンドリアが働いて熱産生の効率は高い．

興味深いことに，それぞれの筋肉を構成する筋線維の比率は，生まれつきほぼ決まっている[23]．速筋線維と遅筋線維の割合には個人差があって，速筋線維が多い人，遅筋線維が多い人がいることがわかっている．さらに，一卵性双生児の間では，二卵性双生児と比べて，筋線維の比率が似ていることから，遺伝がある程度強く影響しているようだ．ただし，第4章の「DOHaD学説」で述べるように，発生過程における母胎内の栄養環境の影響は考慮されるべきであろう．なぜなら，速筋線維と遅筋線維への分化のバランスは，さまざまな栄養因子や代謝を調節するホルモンの作用を受けることが知られているからだ．2型糖尿病（インスリン抵抗性のタイプ）の患者では，筋肉の酸化的リン酸化の活性が低いことが報告されるなど，筋線維の比率はその人の健康状態にかかわる可能性がわかってきた．

近年，速筋線維と遅筋線維の中間の性質をもつ**中間型の筋線維**（通称，ピンク筋）の存在が注目されている．しかも，この筋線維は，運動トレーニングや生活環境によって増えることがある[24]．速筋線維が中間型の筋線維になる"遅筋化"が生じているのだ．遅筋線維と同様に，中間型の筋線維では，ミトコンドリアの機能が増強していることが確認された．ところが，遅筋線維が中間型の筋線維になるという，逆方向の"速筋化"は見られないようだ．つまり，速筋線維は肥大化したり，中間型の筋線維になったりするという可塑性をもっている．

このように考えてくると，運動や栄養などの環境因子の作用が，おそらくエピゲノムに記憶されて，発生期の速筋線維と遅筋線維の分化の比率を決めたり，生後でも速筋線維の遅筋化を起こしたりすると推測されるので，筋細胞のリプログラムに関する研究が注目されている．

●●● 温度に対する細胞記憶

脂肪組織は，皮下や体内で体温を保持するとともに，熱産生にもかかわっている．私たちの身体には，白色脂肪細胞と褐色脂肪細胞という，大きく2種類のタイプがある（図3-8）．**白色脂肪細胞**は，全身の皮下や内臓のまわりで，体内の余分なエネルギーを脂肪として蓄積するものだ．その一方，**褐色脂肪細胞**は，おもに首の後ろ，肩甲骨のまわり，脇の下，腎臓の周囲にあって，脂肪を消費して熱を産生する働きをもつ．ヒトでは新生児期だけに褐色脂肪細胞があると考えられていたが，成人にも存在することがわかった．特徴としては，白色脂肪細胞は，ひとつの大きな脂肪滴をもっている．他方，褐色脂肪細胞は，小さな脂肪滴を数多く

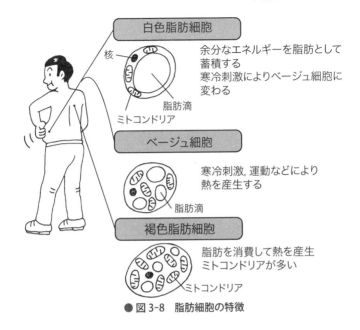

● 図3-8 脂肪細胞の特徴

もって，ミトコンドリアが多く，血管や神経が入り込んでいる．つまり，白色脂肪細胞は脂肪を蓄えて，褐色脂肪細胞は脂肪を燃やしている．

こう述べると，脂肪組織での白色脂肪細胞と褐色脂肪細胞は，骨格筋での速筋線維と遅筋線維とよく似た関係にあることがわかる．面白いことに，骨格筋に「中間型の筋線維」があるように，脂肪組織にも中間型の脂肪細胞（褐色脂肪に近い）があることが発見された．これを**ベージュ細胞（ブライト細胞）**とよぶ[25, 26]．白色脂肪組織の中に存在して，褐色脂肪細胞に近い性質をもっている．寒冷刺激，ノルアドレナリン刺激，運動などによって，褐色脂肪細胞と同じように熱産生を行うという特徴がある．

まとめて説明を加えると，ミトコンドリアの膜にはエネルギー

（ATP）を産生するか，熱を産生するかというスイッチにあたる分子が存在している．脂肪酸やブドウ糖を熱に変換するのが**脱共役タンパク質「UCP」**である．脱共役とは，ATP の代わりに熱を産生することをいう．エネルギーも重要であるが，体温を維持することは生命の基本なのである．褐色脂肪細胞では **UCP-1**，筋線維では **UCP-3** がそれぞれ高く発現している．

多くの場合，白色脂肪細胞と褐色脂肪細胞の比率は，生まれつきにほぼ決まっている．遺伝と発生期の栄養環境によって，この細胞の分化が決められるからだ．白色脂肪細胞の割合が多ければ太りやすい，褐色脂肪細胞の割合が多ければやせやすいという個人差につながるであろう．さらには，子どもであっても大人であっても，寒冷刺激を受ける場合，白色脂肪細胞がベージュ細胞に変わる能力を保持している．この変化は，環境温度（低温）を身体で感知し，ノルアドレナリンなどの神経伝達を介して応答し，細胞の分化をリプログラムすると考えられる．こうしたメカニズムには，DNA のメチル化やヒストンの修飾というエピゲノムの変化を伴うことが知られている[27]．

推測を含めて述べるならば，環境因子に対して細胞が感知・応答し，エピゲノムの記憶を生じる場合，その最終的な出口は，遺伝子の発現を変化させて，細胞の性質や分化の状態を持続的に変えることである．**細胞のリプログラム**とよばれるものだ．いわば，エピゲノムの記憶は，骨格筋の速筋と遅筋，脂肪組織の白色細胞と褐色細胞という，細胞の分化によって「細胞の記憶」になると考えることができる．

温度に対する細胞記憶

まとめ

　本章では，温度に対する「**感知→応答→記憶**」について述べた．高温に対して **HSP－HSF パスウェイ**では，HSP が変性タンパク質を感知して，転写因子 HSF が HSP 遺伝子群などをすみやかに活性化することで応答している．こうした刺激が続けば，HSP タンパク質を蓄積し耐性をもつ．体温調節にかかわる骨格筋と脂肪組織では，発生期の栄養環境，そして生後の環境因子（運動，温度）を感知・応答して，特定の筋線維や脂肪細胞へのリプログラムが起こる．エピゲノム記憶は細胞の分化として現れるといえそうだ．

栄 養
——食事と生活習慣——

●●● 生命活動とエネルギー代謝

　生命を維持するには，身体の活動エネルギーをいつもつくることが必要である．そのために，食物として**栄養素**を体内に取り入れる．水，穀物，肉や魚，野菜などから，炭水化物（糖），脂肪，タンパク質，ミネラル，ビタミンを摂取する．糖はブドウ糖に，脂肪は脂肪酸に，そしてタンパク質はアミノ酸に分解されて，生命活動のためのエネルギー源として使われている．また，これらを組み合わせて，身体の各組織の構成物をつくる．また，糖やタンパク質は筋肉や肝臓に，脂肪は脂肪組織に，ミネラルは骨に蓄積される．不要なものや古くなったものは分解・排出されて，新鮮な材料と置き換えられる．このように，栄養素を利用するしくみが**代謝**（メタボリズム）である．これらの化学反応は，それぞれ異なる**酵素**によって行われている．

　細胞内の**代謝**には，「異化」と「同化」の２つがある．**異化**（カタボリズム）は，食物や体内の栄養素を材料として，エネルギー分子をつくる化学反応である．つまり，糖，脂肪，タンパク質などの複合物からATPという分子を産生する．**図4-1**に示す

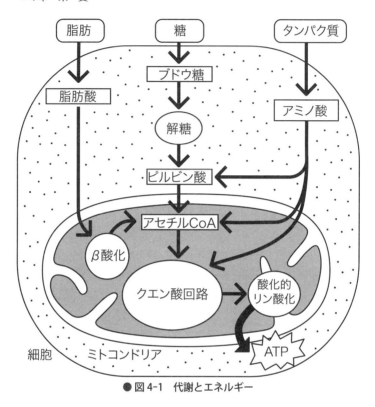

● 図4-1 代謝とエネルギー

ように，**細胞質**における**解糖**（ブドウ糖を利用する経路），**ミトコンドリア**における**クエン酸回路**（アセチル CoA を利用する経路．クレブス回路，TCA サイクルともいう），**酸化的リン酸化**（ATP を効率よく合成する経路）が連結して化学反応が進行する．さらに，脂肪酸の**β酸化**（脂肪酸を分解する経路）で産生されたアセチル CoA はクエン酸回路に入っていく．

同化（アナボリズム）は，単純な分子群を結びつけて，身体を構成する複合物をつくる化学反応である．たとえば，アミノ酸の

間をペプチド結合でつないでタンパク質とする，脂肪酸からリン脂質を合成して細胞膜をつくる，ブドウ糖が重合したグリコーゲンとして蓄積する，などの反応である．通常，エネルギー分子を消費して，これらの高分子を合成する．

すなわち，異化と同化によって，細胞内のエネルギー分子のバランスをとっている．このエネルギー分子が **ATP**（アデノシン三リン酸）である（図4-2）．「異化」で複合物を材料としてATPを産生する．他方，「同化」でATPを消費して複合物を産生する．

ATPは，アデニン，糖（リボース），3個のリン酸基で構成されている．ATP分解酵素の働きによって，ATPから1個のリン酸基が外れて，**ADP**（アデノシン二リン酸）とリン酸基（Ⓟ）になる．放出されるエネルギーは，複合物の合成のために使われる（同化）．これとは逆に，ATP合成酵素の働きによって，エネルギー分子であるATPを合成する（異化）．

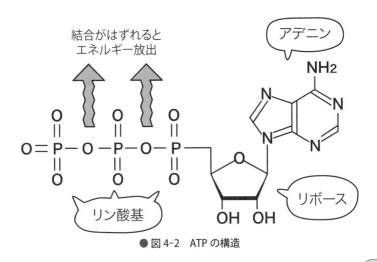

● 図4-2　ATPの構造

4章 栄養

ATP → ADP ＋ Ⓟ ＋ エネルギー

ADP ＋ Ⓟ ＋ エネルギー → ATP

　このような性質から，ATP は，細胞における "エネルギー通貨" にたとえられる．つまり，市場に流通する現金のように，ATP で細胞の活動を買っているのだ．細胞は多量の ATP を産生しながら，たえず消費している．なぜなら，高エネルギー状態の ATP は安定に存在できず，長期間に蓄積されないからである．さらに，細胞内では，ADP から 1 個のリン酸基が外れた **AMP**（アデノシン一リン酸）の量がモニターされている．すなわち，細胞内のエネルギー状態が低下すると，ATP が減って AMP が増えるので，［AMP/ATP］の比が増加する．すると，特定のリン酸化酵素（AMP キナーゼとよぶ）が活性化される．これが細胞の低エネルギー状態を感知するわけである．AMP キナーゼが働いて，タンパク質の合成などが抑制される結果，ATP 枯渇下ではエネルギーの消費が低下する．

　生体内のエネルギーは，どう使われているのだろうか．大まかには，エネルギーの約 30％が身体の運動に，約 40％が基本的な細胞機能に，約 30％が熱産生による体温の保持に使われる．これには ATP を必要とする数多くの化学反応がかかわっている．エネルギーは**熱量**に換算されて，**カロリー**（cal）単位で示す．標準大気圧下で 1 グラムの水の温度を 1℃ 上げるのに必要な熱量を「1 カロリー」とする．しかしながら，これは小さな単位なので，通常，**キロカロリー**（**kcal** または **Cal**（C は大文字））で表示している．「1 キロカロリー ＝ 1000 カロリー」である．日常生活でも，食物の熱量（摂取カロリー），運動によって消費する熱量（消費カロリー）などに用いられる．

食事はメモリーされるのか

身体を安静にしていて，空腹の場合を基礎状態としよう．このように，生命を維持するために消費される最小限の熱量を**基礎代謝量**という．ある姿勢で静かにしているとき，何もしていないように見えるが，呼吸をして体温を維持している．つまり，肺，心臓，筋肉，肝臓，脳などは活動している．基礎代謝量は，成人の女性で1日に約1200キロカロリー，男性で約1500キロカロリーとされている．これに身体活動が加わって，基礎代謝量の1.5〜2倍程度のエネルギーを消費することになる．

●●● 食事はメモリーされるのか

栄養の状態は私たちの身体に記憶されるのだろうか．人類が経験した歴史上の出来事から述べよう．第二次世界大戦が終わりに近づいたころ，**オランダ飢饉**とよばれる悲惨な状況が起こった（図4-3）[28]．1944年9月〜1945年5月の期間であったと記録されている．この大戦が終結に向かうころに，オランダは後退するナチスドイツ軍の最後の砦にあたる場所になった．交通路はほとんど遮断されて，食糧の輸送は閉ざされた．戦争による破壊に加えて，その年の記録的な寒さが重なり，オランダの一部ではひどい食糧難に陥ったのである．

食糧不足はきわめて深刻になり，その住民の1日の摂取カロリーは，1000キロカロリーから，600キロカロリーくらいまで落ち込んだという．ふつうに成人が必要とする目安を2000キロカロリーとしても，半分から3分の1である．このような極度の飢えと寒さは数か月に及んだ．その後，終戦とともに食糧は供給されるようになった．そうした中で，クレメント・スミス医師（後のハーバード大学小児科教授）などによる調査がなされた．1947

●4章 栄養

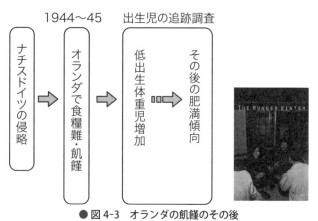

● 図4-3 オランダの飢饉のその後
オランダの飢饉を題材とした書籍："The Hunger Winter"(University of Nebraska Press, 1998)，表紙は原著出版社の許可を得て掲載．

年，妊娠中にこのオランダ飢饉を経験した母親から生まれた子どもは，出生時の体重が小さいことが報告された．これは，母体の中で胎児期に低栄養であったことを示す．このときの子どもたちが1960年代に18歳になり，徴兵制度に伴う男子の身体検査を受けたところ，肥満の割合が著しく高いことがわかった．このため，追跡調査が行われることになる．

こうした経緯をもとに，胎児期の栄養環境が，その後の生涯における健康状態に影響するのではないかという考え方が出てきた．これを検証するために，デビッド・バーカー博士（1938-2013年）らが，英国の**低出生体重児**について追跡調査を行った[29]．ほぼ同時代に生まれた5654人の男子を対象にして，出生時および1歳時の低体重児が成人した後に**虚血性心疾患**（心筋梗塞など）で死亡しやすいという結果をまとめた[30]．さらには，3万7615人の男女を対象にして，低体重で生まれた場合には，**高血圧**，**2型糖尿病**（インスリンが働けないタイプ）や**肥満**などの

72

食事はメモリーされるのか

"成人病"を発症しやすいことを報告した[31].

このように,低出生体重児がその後に成人病のリスクが高いという結論について,興味深い仮説を提唱した.これが**成人病の胎児期起源説（バーカー仮説）**といわれるものだ（図4-4）.すなわち,低出生体重児は,生存のために,少ない栄養を効率よく利用できるように適応してきた.つまり,身体の代謝のプログラムを"倹約型"に変えてきた.ところが,出生後に栄養が十分に取れるようになると,余分な栄養を蓄積しやすく,生活習慣による成

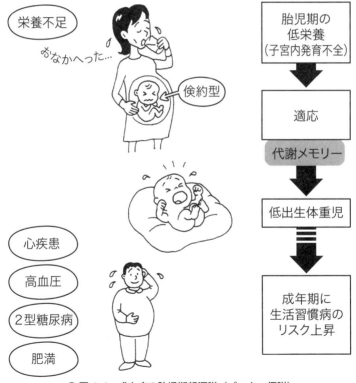

● 図4-4　成人病の胎児期起源説（バーカー仮説）

●4章 栄養

人病に陥りやすいのではないかと推測されてきたのだ.

　胎児期の「発生のプログラム」に変化が起こると，病気になりやすい"種"が生じやすい.胎児期の飢餓に適応する間に，その人の身体の中に記憶されるのではないか.さらには，胎児期の栄養環境が，エピゲノムの記憶をつくるという考え方に結びつくのである.このため，**代謝メモリー説**ともよんでいる.いまのところ，動物実験でも難しいので，この説を完全に実証するには至っていないが，後述するように，エピゲノムを修飾する酵素の中で，Sirt1による「やせ型のエピゲノム」，LSD1による「肥満型のエピゲノム」などのメカニズムがわかってきた.多くの研究が進行中ではあるが，胎児期のイベントが成人期や生涯を通じた健康に影響するという考え方は広く支持されるようになった.さらには，胎児だけでなく新生児（生後28日まで）・乳児（生後1年未満）を含めた出生前後における環境因子の影響をまとめて，**健康と病気の発生起源説（DOHaD学説）**（ドーハッド学説）とよばれている.

　一般に，病気の発症にかかわる因子を統計学的に評価する手法を**疫学調査**という.疫学調査の結果は，人種や遺伝的素因などで違うので，各々の国や地域で行われることが多い.厚生労働省の統計によると，近年の日本では，1年間の出生数は100万人程度で横ばい〜やや減少である（図4-5）.とくに注目すべきは，**低出生体重児**（出生時の体重が2500グラム未満の新生児をいう）の割合が増加傾向にあることだ.昭和50年では，全出生数が約190万人，その5.5%（女），4.7%（男）が低出生体重児であったが，平成27年では，約100万人の全出生数の10.6%（女），8.4%（男）が低出生体重児である.10人あたりひとりというきわめて高い数字である.低出生体重児が増えてきた要因として，高

食事はメモリーされるのか

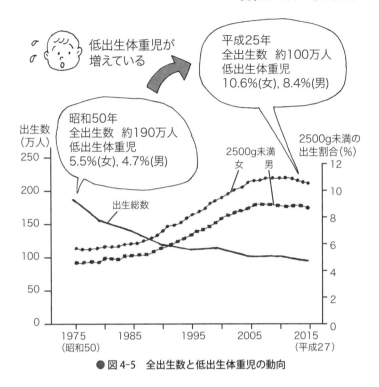

● 図4-5　全出生数と低出生体重児の動向

齢出産（父母の平均年齢の上昇），妊娠中の栄養摂取の制限（医学的な理由，美容上の理由），経済的理由（家庭の貧困），妊婦や周辺者の喫煙，などが挙げられている．ひと昔前は「小さく産んで大きく育てる」といわれた時代があったが，現在，これは推奨されていない．周産期の母児に対して適切な支援が求められているところだ．

●4章 栄養

●●● ヒトの個体発生と DOHaD 学説 ────

　ヒト（ホモ・サピエンス）はどのように発生するのかを考えて
みよう．各々の生物種には特徴的な「発生のプログラム」がある
（図4-6）．ヒトの発生は，初期胚，胎芽期（胚子期），胎児期の3
つに分けられる．卵と精子が受精して，受精卵は1週間くらいで
母親の子宮の内壁に着床する．最初の1～2週は**初期胚**とよばれ
て，受精卵が分裂しながら細胞塊を形成する．この時期に異常が
起こると，胚は着床できなかったり，その後に生育できずに自然
流産になる．これに続く3～8週は**胎芽期**といわれ，身体を構成
する器官の原型がつくられる．この器官形成においては，各々の
器官に特有の形成時期がある．たとえば，心臓，上肢，下肢，上
唇などは3～4週から8週に形成される．脳（中枢神経）は，3
週から出生近くまで時間をかけて形成される．このため，多くの
器官形成が行われる時期（3～8週）は，環境因子（化学物質，
ウイルスなど）の影響を最も受けやすいことから**臨界期**という．
つまり，各器官の先天異常（形態の変化）を起こす可能性が高
い．生まれつきの心臓病，手足の形成異常，口唇・口蓋裂，耳や
眼の形成異常，歯の異常などである．

　その後の9～40週（出生）は胎児期とよばれ，身体が大きく発
育する．すなわち，胎芽期で形成された各器官が大きくなるとと
もに，身体全体のサイズが大きくなる．多くの器官が特有の機能
を果たせるように成熟する．このため，環境因子（低栄養など）
が働けば，身体のサイズや各器官の機能に変化を生じる可能性が
ある．

　ヒトの**低出生体重児**の成因について，ほ乳類の個体発生に求め

76

ヒトの個体発生と DOHaD 学説

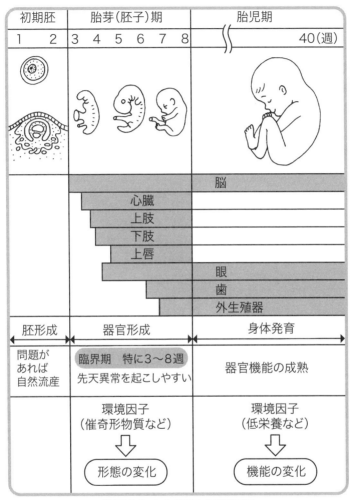

● 図 4-6 ヒトの発生と環境因子

4章 栄養

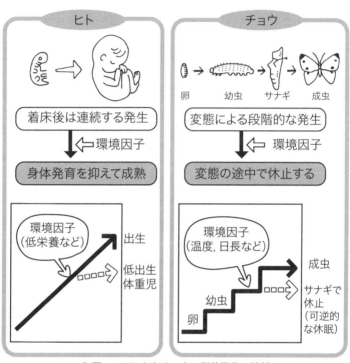

● 図4-7 ヒトとチョウの個体発生の比較

ることができる．ここでは，ヒトとチョウの個体発生について比べてみよう（図4-7）．たとえば，アゲハチョウは春から秋にかけて外環境にさらされながら発生し，卵，幼虫，サナギ，成虫の4段階の**変態**を起こす．変態による段階的な発生であるため，環境因子（温度，日長など）に応じて，変態の途中で休止することができる．サナギで休止したとしても，環境がもとに戻れば，発生を再開することができる．興味深いことに，環境の変化のきざしを察知して，前もって休止に入って備えているらしい．

これに比べて，ヒトの胎児は，母体と胎盤によってしっかり保

護されている．外環境に直接にさらされることはない．子宮内に
受精卵が着床した後，基本的には連続した発生を行う．胎芽期に
各器官を小さく形成して，胎児期にその身体全体のサイズを大き
くする．このため，低栄養などの環境因子が働けば，身体全体の
サイズを小さくして各器官を成熟させることで適応するのだ．そ
の結果，**低出生体重児**として生まれる．在胎週数の標準に比べ
て，出生体重が低いという**子宮内発育遅滞**である．これは，早生
まれの早期産児（いわゆる未熟児）の低出生体重とは区別されて
いる．環境因子（母児に対するストレス）が働けば，細胞の発生
と分化のプログラムが一部修正されて，身体は小さくても生存で
きるように適応してくると考えられる．

●●● 栄養がエピゲノムを変える

　同じゲノムをもって生まれた**一卵性双生児**のふたりは，将来も
ずっと同じか，あるいは違いが生じるか．「氏より育ち」の言葉
のように，年をとるにつれてだんだん違いが現れてくる．つま
り，生まれつきの遺伝がすべてではなく，生後の生活習慣や成育
環境がその人の将来に影響してくる．近年の研究によって，双生
児の間で，遺伝子の働きを調節する**エピゲノム**が違ってくること
がわかった[32]．このため，食事・栄養などの環境因子とエピゲ
ノムの関係についてクローズアップされてきた．

　栄養分を利用する代謝の過程では，組織や器官で数多くの代謝
酵素が働いている．糖，脂肪，タンパク質の代謝経路において，
それぞれに，AがBに変わって，BがCになって，Dが生じる
という，一連の化学反応があるのだ．しかも，Bからは副産物E
も生じて，それが他の経路で利用される．これらの代謝酵素の遺

伝子を順に ON/OFF して，うまく連動させる必要がある．しかも，食事の量や質はその都度同じではないので，それに合わせた調整が欠かせない．栄養が過剰の場合もあれば，逆に不足の場合もある．こうした変動の中で身体のバランスを保つために，柔軟に対応する必要がある．つまり，代謝にかかわる遺伝子の使い方という「代謝のプログラム」が役割を果たすわけである．

　食事や栄養は，その人の生活習慣が最も現れやすいものである．ご飯とパン，肉と魚，果物と野菜，量や味つけ，お茶やコーヒー，アルコールの量など，誰しも大まかな嗜好というものがある．これらが私たちの身体に働きかけるとしたら，エピゲノムに作用すると考えられるのだ．その時々の食事がすぐにエピゲノムに影響するわけではない．5 年，10 年と同じ食習慣が続くとなると，少しずつ変化が蓄積していく．生命体は環境因子にさらされると，それに適応するように，自らを変化させる性質があるからだ．特定の環境因子がいつも作用すると，エピゲノムに印がついて遺伝子の使い方も変わり，新たな性質がつくられる．おそらく，これが積み重なって，私たちの**個体差**（いわゆる**体質**）が形成されていくのであろう．

　こう述べるのは，食事や栄養がエピゲノムに影響しやすい，特別の理由があるからだ[33]．第 1 章では，エピゲノムには，DNAのメチル化，ヒストンタンパク質の修飾があることを述べた．これらのマークが，遺伝子の ON と OFF の印づけになっている．DNA のメチル化とは，DNA メチル化酵素が CG 配列の中のシトシンにメチル基をつけることであった．

　ヒストンの修飾について説明を追加しよう（図 4-8）．ヒストンには 4 種類のタンパク質（H2A，H2B，H3，H4 という）が知られており，それぞれ，2 個ずつ集まって 8 個がひとつの単位とし

栄養がエピゲノムを変える

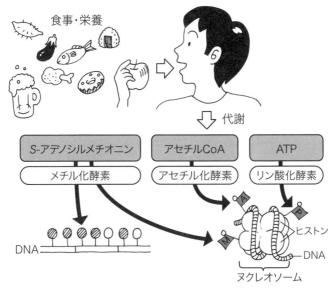

● 図4-8 代謝物がエピゲノムの修飾をつくる

て働いている．この単位を**ヌクレオソーム**とよび，DNAが約1.6周巻きついている．これらの修飾には，「アセチル化」「メチル化」「リン酸化」などがある．ヒストンの中の特定のアミノ酸にそれぞれの印がつけられる．そうであれば，これらの修飾はどこから来ているのか．注目すべきことに，DNAとタンパク質のメチル化に使われる**メチル基**は，"S-アデノシルメチオニン"というアミノ酸に由来している．メチオニンは，肉や魚，牛乳，小麦などから摂取している必須アミノ酸である．同じように，アセチル化に使われる**アセチル基**は，"アセチルCoA"という，糖や脂肪酸の代謝産物に由来している．また，リン酸化に使われる**リン酸基**は，エネルギー分子の"ATP"に由来する．注目すべきは，いずれも，これらの修飾の源は，栄養分から細胞内でつくられた

代謝物なのである．このように，エピゲノムの修飾とは，食事で取り入れた栄養分に由来しているのだ．こう考えると，食事や栄養，そして代謝の状態は，遺伝子の印づけに直接に影響するだろうというのである．

さらに，面白いことがわかってきた．エピゲノムに修飾をつける酵素（ライター）があれば，その修飾を取り除く酵素（イレイサー）もある（図4-9）．ゲノムの印づけは，つける酵素と取り除く酵素の働きのバランスによって決まっている．たとえば，**メチル化酵素**は，*S*-アデノシルメチオニンを材料にして，メチル基をDNAやヒストンにつけている．また，**アセチル化酵素**があって，アセチルCoAを材料にして，アセチル基をタンパク質につけている．これらの代謝物を材料にして，酵素が働くことができるのだ．

エピゲノムの修飾を取り除く酵素（脱○○酵素とよぶ）については，どうか．この後に述べるように，**脱アセチル化酵素**や**脱メチル化酵素**が働くためには，これらもまた代謝物やビタミンなどが必要なのである．このように，私たちのエピゲノムに作用する酵素は，栄養と代謝によって調節されていることになる．

次に述べるように，栄養のとり方が長い間偏っていると，エピ

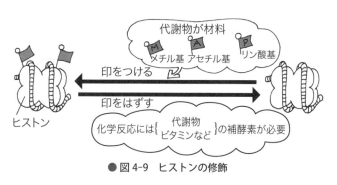

● 図4-9　ヒストンの修飾

ゲノムのプログラムが書き換えられる．エピゲノムの修飾が変わると，遺伝子発現のパターンが変わる．その結果として，生活習慣病の発症につながると理解されるようになった．

●●● 飢餓に働くサーチュイン

　栄養状態と代謝の働きは，連動しなくてはならない．しかし，栄養環境が，代謝にかかわる遺伝子の働き方にどう影響するのか，まだ不明の点が多い．食事や運動は，その中身も量も変動する．しかし，私たちの身体は，ほぼ一定の状態に保とうとする．この働きを**恒常性**（ホメオスタシス）とよんでいる．ロボットや機械は，電気や燃料があれば動くが，もしもなくなればパッタリと止まってしまう．他方，生命体は，食糧の供給が変化しても，当面は身体の中のエネルギーのバランスを調節して動くことができる．

　サーチュインは脱アセチル化酵素のひとつである．特定のタンパク質につけられたアセチル基を取り除く働きをする．サーチュインには数種類があるが，最初に発見された**Sirt1**（サート・ワン）がよく知られている．飢餓やカロリー制限の状況では，栄養分が足りないので，身体に蓄積した材料を燃やしてエネルギーを供給するしくみが働く．この栄養不足に対する応答のスイッチを入れるのが，Sirt1である．しかも，この酵素が働くためには，一種のビタミンのような**NAD**（ニコチンアミド アデニン ジヌクレオチド）が必要である．NADは，Sirt1酵素の働きを助けるので，このような役割をする分子を**補酵素**という．

　飢餓の状態になると，細胞内で何が起こるだろうか（図4-10）[34]．最初に，細胞内のNADの量が増加する．この増加のメ

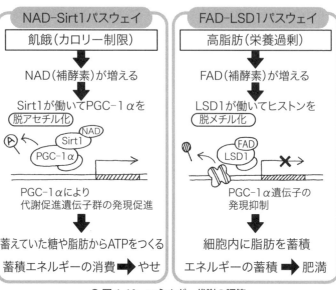

● 図 4-10 エネルギー代謝の調節

カニズムは,実はよくわかってはいない.NAD が増加した結果,Sirt1 の働きが高まると,多くのタンパク質に対して脱アセチル化を起こす.その標的のひとつには,代謝全体をコントロールする **PGC-1α**(ピージーシーワン アルファ)という,転写を調節するタンパク質が知られている.この PGC-1α は,Sirt1 によって脱アセチル化されることで,細胞の代謝を促進する遺伝子群の発現を高めるのだ.すなわち,細胞内に蓄えていた糖や脂肪を材料にして,エネルギー分子 ATP を合成する(異化).このときには,細胞内の**ミトコンドリア**が,ATP をつくる工場になる.こうして,飢餓やカロリー制限に対して,自分の身体の一部を燃やしてエネルギーを確保しているのだ.この飢餓に対する応答では,NAD を用いてサーチュインが活性化し,代謝の恒常性を保つわけであ

る.

サーチュインは，2000年，マサチューセッツ工科大学のレオナルド・ガレンテ教授らが，酵母を用いた実験で発見したものである．サーチュインのひとつである *Sir2* を欠いた酵母の変異体では，その寿命（細胞分裂の回数）が半分くらいに短縮した．その逆に，*Sir2* 遺伝子の発現を増やすと約30％寿命が延長することがわかった[35]．このため，「長寿遺伝子」として一躍注目されるようになった．最近まで，ヒト，サルを含めた生物種で，摂取カロリーの制限が寿命を延ばす可能性が示唆されていたが，統一した見解には至っていなかった．2017年，アカゲザルを用いて同じ条件で実験が行われて，カロリー制限は寿命を延ばす効果があるという結論になった．

カロリー制限のときにサーチュインが重要な働きをするので，寿命との関連が一躍注目を集めた．また，赤ワインなどに含まれるポリフェノールの一種である**レスベラトロール**が，サーチュインを活性化する作用があると報告された．アンチエイジングや長寿効果に関しては話題性が高いことから，これから科学的に解明されることが重要であろう．

このように，飢餓に対する「**感知→応答→記憶**」では，**NAD−Sirt1 パスウェイ**が働いて，蓄えていた栄養分を燃やして活動エネルギーをつくる．NAD という代謝物（補酵素）の量の変化を感知し，Sirt1 が PGC-1α の働きを高めることで応答している．

●●● 肥満に働く LSD1

もうひとつの **LSD1**（エル エス ディ ワン）は，特定のタンパク質のメチル基を取り除く脱メチル化酵素として働いている．

その中でも，ヒストンタンパク質のメチル化は，酵母からヒト
まで高く保存されている．2004年に，ハーバード大学のヤン・
シー博士らは，ほ乳類の脱メチル化酵素を初めて発見した[36]．
そのLSD1は，ヒストン（正確にはH3）の特定のメチル基を除
去して，遺伝子の発現を抑制することがわかった．さらに，別の
グループから，欧米で抗うつ薬として使用されたトラニルシプロ
ミンとよばれる薬剤がLSD1の活性を阻害することが報告され
た[37]．

　LSD1は，そのタンパク質のアミノ酸配列から，ビタミンB2
（水溶性ビタミンの一種）から細胞内で合成される代謝物FAD（フ
ラビン アデニン ジヌクレオチド）を"補酵素"とすることが予想され
た．そこで，私たちのグループは，LSD1が栄養と代謝をつなぐ
役割を果たすだろうと考えた．

　マウスの脂肪細胞でLSD1の働きを阻害してみると，細胞の中
に蓄積した脂肪が著しく減少することがわかった[38]．LSD1を阻
害したときに何が起こっているのかを明らかにするため，すべて
の遺伝子の発現状況について調べてみたところ，LSD1の働きを
抑えると，ミトコンドリアの機能を促進する遺伝子群，脂肪の分
解を促進する遺伝子群の発現が増えることがわかった．この中に
は，PGC-1α遺伝子も含まれていた．詳しく検討したところ，
LSD1がPGC-1α遺伝子の発現を抑えていることが明らかになっ
た（図4-10）．つまり，LSD1はPGC-1α遺伝子の働きを抑制し
て，細胞内に余分なエネルギーを蓄積すると考えられた（同化）．
このため，LSD1を阻害すると，蓄積した脂肪が消費されて，細
胞内の脂肪は減少したわけである．

　この結果について，高脂肪食を与えて肥満を促したマウスで確
認することにした．LSD1の働きをトラニルシプロミンで阻害す

ると，予想した通りに，肥満の状態は著しく改善した．体重の増加は適度に抑えられて，高脂血症やインスリンへの抵抗性（糖尿病に似た状態）も回復したのである．このように，高脂肪食で誘導した肥満の状態で，LSD1 の働きを阻害すると，肥満とそれがもとで起こる症状が改善することがわかった．すなわち，LSD1 の働きは，余分な脂肪を蓄える，つまり，肥満を促すことであると考えられた．

脂肪を多く含んだ食事をとると，LSD1 がエネルギーの消費を抑えて，余分な脂肪をため込む結果，肥満となる．おそらく，ヒトなどのほ乳類は，その進化の過程でひどい飢餓を生き抜いてきたので，余分な栄養分があれば，その後の飢餓に備えて蓄えるというしくみを獲得しているのであろう．このように，LSD1 はエネルギーの蓄積に働くことから，**肥満（倹約）遺伝子**として，2012 年に報告した．

このように，高脂肪摂取に対する「**感知→応答→記憶**」では，**FAD－LSD1 パスウェイ**が働いて，過剰な脂肪分があれば蓄える．FAD という代謝物（補酵素）の量が増えると，LSD1 が標的遺伝子の働きを抑制することで感知・応答している．

●●● DOHaD 学説を再考する

Sirt1 と LSD1 が，それぞれの栄養環境の下で代謝機能を調節することを見てきた．**Sirt1** は，飢餓のときに，蓄えたエネルギー源を使うように働く．これが続くと "やせればやせる"．一方，**LSD1** は，余分な脂肪分を蓄えるように働く．これが続くと "太れば太る"．しかも，これらの酵素の活性にはビタミンが必要なので，栄養素の制御を受けている．Sirt1 の活性は，**NAD** によっ

87

て調節されて，一方，LSD1 の活性は，**FAD** によって調節を受けるのである．

　最近，細胞のエネルギー代謝がうまく回らないと，いろいろな病気が起こることがわかってきた[33]．肥満や糖尿病に限らず，アルツハイマー病や老化にもエネルギー代謝の変化がかかわっている．その多くは**生活習慣病**といわれるものである．このため，細胞のエネルギー代謝を改善する生活習慣や薬剤は，新しい健康法につながる可能性が高い．

　本章で取り上げてきた **DOHaD 学説**（代謝メモリー説）をもう一度考えてみたい（**図 4-11**）．胎児や新生児・乳児という周産期に，低栄養にさらされた状況をイメージしてみよう．少なくとも2つの経路が少し時間差をおいて働くのではなかろうか．ひとつは**即時の応答**である．低栄養の下においては，何よりも生命の維持を優先しなければならない．そのために，蓄えた栄養分を消費しながら，エネルギー（ATP）を自ら産生する必要がある．身体を大きくするのを抑えて，むしろ，体内の器官を成熟させる．その結果，小柄で低体重になりやすい．もうひとつは，**予測の応答**である．身のまわりの環境は食糧に乏しいので，将来の飢餓に備えなければならない．そのために，栄養分を蓄える代謝酵素が働きやすいエピゲノムを形成する．将来にわたって飢餓に強い代謝経路をつくるよう記憶するのだ．この2つの応答はエネルギーの消費と蓄積という逆向きであるが，即時の応答で生命を維持して，その後の飢餓に対して予測の応答で備えておく．この順序で作動すると，発生期の飢餓に対する合理的な生存戦略になる．

　低出生体重児が生後も低栄養の環境に置かれれば，飢餓に強い**予測の応答**は有利に働く．ところが，生後に十分な栄養をとれる環境に置かれると，予測は外れるわけである．エネルギー源を蓄

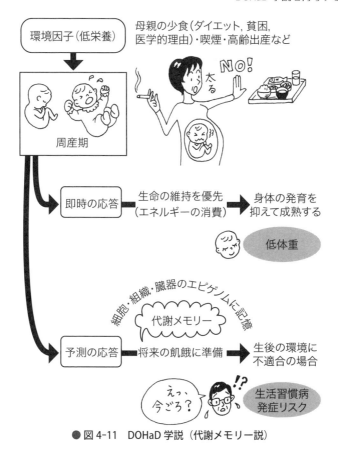

● 図 4-11　DOHaD学説（代謝メモリー説）

えやすい代謝機能が，生後の環境に対して不適合になる．豊かな食事に含まれる栄養分は，中性脂肪として皮下や内臓の脂肪組織に蓄積される．必要以上に栄養やカロリーを摂取し続けると，それが蓄積して**肥満**，**糖尿病**などの生活習慣病に進行しやすいと考えられる．つまり，エピゲノムの記憶は，将来の環境に適合すれば有益であるが，一方，不適合になると不利益になる．

●4章 栄 養

　第3章では，発生期の栄養環境によって，「細胞の分化」のプログラムが一部修正される可能性があると述べた．たとえば，**骨格筋**（速筋と遅筋），**脂肪組織**（白色脂肪と褐色脂肪）のそれぞれの割合は，分化中の栄養状態やそれに応じるホルモンの影響を受ける．もしも速筋が優位になったり，白色脂肪が優位になったりすると，エネルギーの産生と消費のバランスが変わる．もしも膵臓でインスリンを産生する β 細胞への分化が少なくなると，それだけで糖尿病を起こしやすくなる．また，**腎臓**で尿を生成する糸球体がうまくつくられないと，腎臓病や腎不全を起こしやすくなる．このように，エピゲノムの記憶が遺伝子の働き方を変えて，細胞の分化として固定されると，発生期の栄養環境が生涯にわたって影響することになる．

●●● ダイエットとリバウンド

　現代人の多くが，ダイエットとして体重を減らす，あるいは，体重増加を抑える努力をしている．食事や運動をうまくコントロールして，肥満を改善した例もあるであろう．ダイエットの効果が，その後も長く維持されると，期待する目的を達成したことになる．ところが，減量に成功した人が，ダイエットをやめた途端に，もとの体重やそれ以上に増える「リバウンド」現象が知られている．このリバウンドはなぜ起こりやすいのだろうか．

　恒常性とは，体内の環境を一定の状態に保とうとする働きである．ダイエットの最初のうちは順調に体重が減っていたのに，ある時期から減りにくくなる．とくに，食事制限によって体重が短期間に減少すると，身体は「体重がこれ以上減るのは危険」と感知して恒常性を維持しようとする．つまり，脳と各種のホルモン

90

ダイエットとリバウンド

が働き合って，食事からの栄養分の吸収を促進し，各組織でエネルギーの消費は抑えられる．このため，体重が減りにくくなる．ダイエットの効果が見えなくなると，食事制限や運動などを中断しやすい．ところが，恒常性を維持する応答はしばらく続くので，栄養分を蓄積しやすい．この時期に，食事量がもとに戻ると体重は急増しやすいわけである．ダイエットをするならば，時間をかけてじっくり取り組むのがよい．

減量も大変だが，減らした体重を維持するのはもっと大変である．何度もリバウンドを繰り返していると，リバウンドしやすくなる．体重は変わらなくても，ダイエットのたびに筋肉量が減れば，生命の維持に必要な**基礎代謝量**が低下してしまう．身体の中の筋肉が減るとエネルギーの消費は少なくなるため，食事量の増減を繰り返すと，脂肪として蓄積しやすくなる．

栄養環境は，細胞のエピゲノムの印として記憶されると述べてきた（代謝メモリー）．この有力な候補が**メチル化**である[33]．発生期からの栄養環境がエピゲノムに記憶されているならば，ダイエットで一時的に減量しても，もとの状態に戻りやすいであろう．一時的なダイエット効果はあっても，長年にわたり代謝酵素の遺伝子群にはエピゲノムの修飾がつけられている．エピゲノムの記憶を変えるには，それ相当の時間が必要になるはずである．

最後に，生活習慣のポイントは何であろうか．ここまで述べてきたように，身体を構成する多くの細胞はミトコンドリアの**酸化的リン酸化**によってエネルギー（ATP）を産生している．とりわけ，骨格筋や脂肪組織では，運動や熱産生を通して，蓄えた栄養分を消費している．しかも，エピゲノムの修飾はおもにミトコンドリアでつくられる代謝物による（**図4-12**）．このように考えると，**ミトコンドリアを活性化する生活習慣**がポイントになりそう

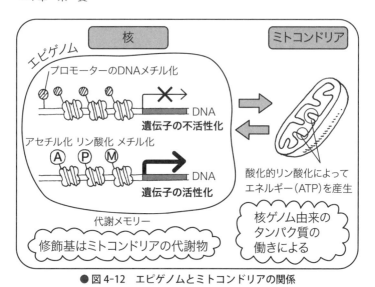

● 図4-12　エピゲノムとミトコンドリアの関係

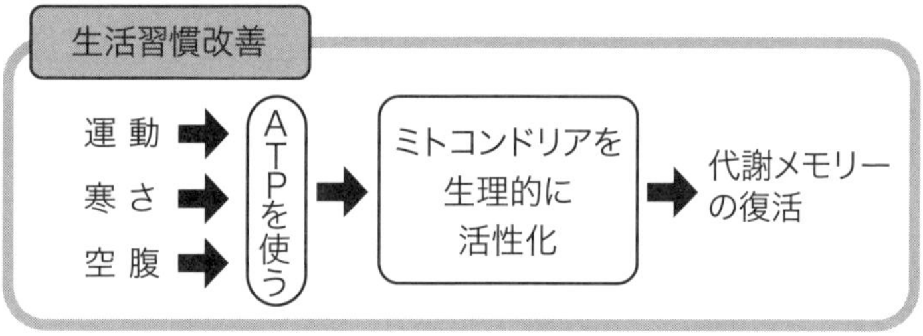

● 図4-13　ミトコンドリアを活性化する生活習慣

だ（図4-13）．ミトコンドリアを活性化する条件として，**運動**，**寒さ**，**空腹**の3つが鍵になる．運動すれば，体内の余分なエネルギーを消費する．寒さのために体温を上げようとすれば，蓄えたエネルギーを消費する．同じように，空腹であれば，蓄えたエネルギーを消費していく．つまり，ミトコンドリアを活性化して，

ダイエットとリバウンド

身体の中に余剰に蓄えた栄養分を消費して，ATP や熱の産生を行えば，いわゆる肥満などの"生活習慣病"を改善することにつながる．この3条件は，第3章で述べた**中間型の筋線維**や**ベージュ細胞**（ともにミトコンドリアの活性が高い）を増やすという，細胞の分化状態をリプログラムする誘因にもなる．

まとめ

　本章では，栄養環境に対する「感知→応答→記憶」について述べてきた．飢餓に対して **NAD－Sirt1 パスウェイ**が，蓄えていた栄養分を燃やしてエネルギーをつくる．他方，高脂肪摂取に対して **FAD－LSD1 パスウェイ**が，余分の脂肪を蓄えようとする．いずれも，エピゲノムの修飾酵素が特定の遺伝子の発現を調節することで応答している．このため，飢餓が続けば「やせ型のエピゲノム」，高脂肪摂取が続けば「肥満型のエピゲノム」として記憶されていく．

5

ケミカル
──金属と化学物質──

●●● 環境汚染と公害

　物質というものは，条件に応じて異なるフェーズに移行することができる．水分子は，常温で液体，高温では気体（水蒸気），低温では固体（氷）になる．電荷をもつイオンを生じる．また，金属元素はそれぞれ固有の性質をもち，化学的に修飾されるとその性質を大きく変える．こうした化学反応は，環境中でも生体内でも起こっている．

　通常の状況下において，高濃度の物質にさらされるという可能性はあまり高くはない．ところが，いくつかの条件が重なれば，起こりうる．2011 年の東日本大震災（東北地方太平洋沖地震）では，津波によって東京電力福島第一原子力発電所の重大事故が起こり，高濃度の放射性物質の放出・拡散・汚染が生じたことは最近の事例である．まずは，近代の出来事から始めてみよう．欧米の産業・工業が発展する中，日本が高度経済成長期（1950〜1970 年代）を迎えたのは，いまから 60 年くらい前のことである．当時の国際社会は，地球に蓄えられた資源を材料にして，特定の物質を大量に生産したり，それまで存在していなかった新しい物

●5章 ケミカル

質を次々に合成したりしてきた．その結果，衣食住などの生活は大きく改善し，現代人はその恩恵の上に生きている．その一方，重化学工業が急速に発展する過程で，産業廃棄物による環境汚染が引き起こされた．これが環境破壊の域にまで達して，地球上の多くの生物が重大な影響を受けた．

わが国の歴史において**四大公害病**とよばれているのが，水俣病，第二水俣病，イタイイタイ病，四日市ぜん息である（図5-1）．そのうち，**水俣病**（熊本）は，わが国の公害の原点とされるものだ．**第二水俣病**（新潟）とともに，**メチル水銀**化合物が原因物質であることが実証されている．

熊本県水俣市の新日本窒素肥料（現在のチッソ株式会社）・水俣工場は，化学製品の材料となるアセトアルデヒドの製造を行ってきた．1951年に生産方法を一部変更したため，メチル水銀などの有機水銀が工業廃液に加わって，河川とその下流の水俣湾（八代海）に流された．自然界には**食物連鎖**を介する**生物濃縮**という現象が知られている（図5-2）．メチル水銀を高濃度に蓄積し

●図5-1　わが国の四大公害病

環境汚染と公害

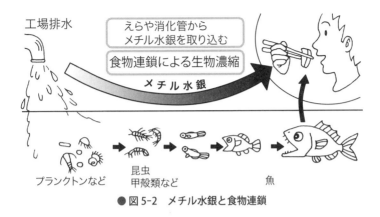

● 図 5-2　メチル水銀と食物連鎖

た魚介類をその沿岸部の住民は食べ続けたことから，その中毒を発症することになった．最初にネコが異常な行動やけいれんを起こして死ぬことが観察された．ヒトでは，口のまわりや手足のしびれ，感覚障害，言語障害，歩行障害，視野狭窄，難聴などの神経症状が現れた．しかも重篤な場合は死に至っていた．1956年，チッソ附属病院の医師から，原因不明の脳症状として水俣保健所に報告され，翌 57 年から「水俣病」とよばれるようになった．また，妊娠中の母親が汚染された魚介類を食べた場合，その子どもに障害が起こった．これが**胎児性水俣病**である．

1959 年に熊本大学医学部水俣病研究班が，水俣病の原因は水銀化合物であろうという見解を報告した（熊本大学，熊本学園大学，環境省水俣病情報センター等の資料による）．しかしながら，当時の政府や企業側はこの報告をすぐには受け入れなかった．その後，製造過程で無機水銀がメチル水銀に変換されることなどが証明されて，1968 年に政府は，アセトアルデヒドの製造過程で生じるメチル水銀化合物が水俣病の原因物質であるという統一見解に至った．最初の報告から 12 年あまりを経ており，同じ原因による次の公

害の再発を防げなかったといわれている.

1965年に新潟県阿賀野川流域で同様の患者が発生し,これが後に**第二水俣病**(新潟水俣病)とよばれている.その上流で化学肥料を生産した昭和電工株式会社・鹿瀬工場から,メチル水銀を含んだ工場廃液が未処理のまま排出されていた.このように,2つの公害はよく似た構図で発生していた.いずれの水俣病でも,認定された患者は原因企業から補償を受けているが,認定や救済を受けていない被害者については,その認定や損害賠償を求める訴訟がいまなお続くなど,長年にわたる社会的な課題になっている.

次に述べるのが,**イタイイタイ病**である.環境省の環境白書等によると,岐阜県の神通川上流の三井金属鉱業株式会社・神岡鉱業所では,不純物として**カドミウム**を含むセン亜鉛鉱を原料としていた.カドミウムは,アルカリ性の水には溶けにくいが,酸性の水に溶けやすい性質をもつ.国内の土壌は,おおむねに中性から酸性であるため,カドミウムの影響を受けやすいという.1955年にかけて精錬所から出される廃水を神通川に流していたため,富山県の神通川流域の農業用水,井戸水が汚染されることになった.しかも,カドミウムは農作物に蓄積する性質をもっているため,高濃度に蓄積した米を食べ続けた住民に「イタイイタイ病」が発生したと考えられている.神通川流域で収穫された米,被害者の体内には,カドミウムの高い測定値が検出された.1968年にその原因を政府が認めて,同年の訴訟から始まった裁判は,1972年の名古屋高等裁判所で原告側の全面勝訴となった.体内に多量に吸収されたカドミウムによる慢性中毒では,腎臓でのビタミンDの合成障害を起こし,全身のカルシウムの不足に陥る.このため,骨組織の軟化による骨折などを生じやすい.重症にな

ると、咳をしただけで肋骨が折れて激痛が走ることから、この病名がつけられたといわれている。

「水俣病」、「イタイイタイ病」などの公害が発生し、それぞれ、メチル水銀、カドミウムという**金属元素**が原因であることが証明された。これらは生体内の分子と直接結合して付加体を形成することがその毒性の発現にかかわると考えられるが、十分に解明されたわけではない。現在、これらの物質はマグロなどの大型食用魚類や米に低濃度に含まれているという。他にも、大気汚染物質、たばこや嗜好品、建材などに金属や化学物質が含まれることから、私たちの日常生活は健康リスクを身近に抱えながら……というのが現実である。金属元素や化学物質がもつ化学基が生体内の分子（DNA，RNA，タンパク質など）を標的として結合する性質を**親電子性**という。このため、これらの環境物質の多くは**親電子物質**とよばれている。

最後に述べるのが、大気汚染による**四日市ぜん息**である。同じく環境省の環境白書等によると、1960年〜1972年に石油化学コンビナートから排出された**硫黄酸化物**（SO_x）によって、三重県四日市市の住民にぜん息患者が多発した。複数のコンビナートが操業した後には、公害によると考えられる死者が生じた。被害者側が中心となって、1967年に四日市ぜん息の訴訟を起こし、1972年に津地方裁判所四日市支部は、住民側の勝訴とともに、被告の6社（昭和四日市石油、三菱油化、三菱化成工業、三菱モンサント化成、中部電力、石原産業（各 株式会社））に賠償を命じた。こうしたわが国の公害の歴史は、産業の発展と環境保全のあり方に大きな影響を与えていく。

その他にも、殺虫剤、防腐剤、除草剤、防汚剤に使われる**有機スズ**（内分泌かく乱物質、いわゆる環境ホルモンのひとつ）、自

動車のガソリンと排ガス中にある鉛，電気絶縁体，熱媒体，電気機器の絶縁油，塗料，溶剤などに使われたPCB（ポリクロロビフェニル），廃棄物の焼却過程で生じるダイオキシン類，溶剤や燃料に使われる揮発性有機化合物，アスベスト（石綿）などがある．大気汚染の原因になる，一酸化炭素（CO），炭化水素（HC），窒素酸化物（NO_x），硫黄酸化物（SO_x）の気体は，太陽光の紫外線によって光化学オキシダント（オゾン，アルデヒドなど）に変化して，光化学スモッグや酸性雨を引き起こす．このように，産業の発展による環境汚染が，重大な公害を発生させた事実を忘れてはならない．

●●● 職業とがん

　現代人の2〜3人にひとりががん（腫瘍）を患う．私たちの身のまわりにある環境因子について，1996年，米国人におけるがんの原因およびその死亡に寄与する割合が見積もられている[39]．ハーバード大学のがん予防センターによると，たばこ（30％），成人期の食事・肥満（30％）がほぼ同じくらいで，次いで，運動不足（座り仕事），職業，がんの家族歴，ウイルス・感染症，周産期の要因（各々5％）である．その他（アルコール，環境汚染，放射線・紫外線，薬剤・化学物質など）（15％）というところだ．がんが発生するしくみである発がんに関する研究が進んでいく中で，化学物質（職業），ウイルス，遺伝子とエピゲノムの異常，という順序で明らかにされてきた．ここでは，化学物質が誘導する発がん（化学発がん）について取り上げよう[40]．

　職業がんが，病気として最初に認識されたのは，18世紀後半の産業革命の時代であった．寒い冬に暖炉は欠かせないため，煙

職業とがん

突の掃除は大切な仕事のひとつであった．1775 年，英国の外科医のパーシバル・ポット（1714-1788 年）が，幼少時から煙突掃除をしている人に陰嚢部の皮膚がんが多いことを最初に報告したのだ．石炭を燃やす工場の煙突を掃除すると，そこにたまった多量の"すす"が身体じゅうについたことであろう．この"すす"の中に発がん物質が含まれているのではないか．そして，陰嚢の皮膚に長い間に作用することが原因でないか，と考えた．そのうえ，10 年以上，多量の"すす"にばく露されると，ばく露が中止されても，その後にがんが起こることを指摘したのである．この指摘は"発がん"を考えるうえで重要な考え方になった．なぜなら，発がん物質にさらされている間に，何らかの変化が蓄積していると推測できるからである．この職業がんの発生を防ぐために，その後，「煙突掃除人保護条例」の制定がなされた．

　はじめは，ある産業や労働環境下でがんが起こったことから，特殊な職業病ではないかと考えられた．しかし，ポットの報告に続いて，産業とがんとの関連性が次々と明らかにされていった．断熱材・繊維や絶縁体の**アスベスト**（石綿）を扱う産業では，肺がん，胸膜中皮腫が多発した．また，溶剤や燃料に使われる**ベンゼン**を使う産業では，白血病が起こった．染料・顔料（ベンジジン）の工場では，膀胱がん，また，燃料（**コールタール**）の工場では，皮膚がん，肺がんとの関連が指摘された．こうして，特殊な職業病というよりも，がんは発がん物質（化学物質）によって起こると理解されるようになった．これが**化学発がん**という考え方である．

　特記すべきことは，ベルリン大学のウイルヒョウの研究室で細胞病理学を学んだ，東京帝国大学教授の山極勝三郎が，実験によって化学発がんを初めて実証したことである．共同研究者の市川

厚一とともに，ウサギの耳にコールタールを長期間塗擦し続けて，1915年に皮膚がんをつくることに成功した．動物実験を通して，コールタールが発がん作用をもつことを証明したのだ．発がん物質の存在を明らかにして，人工がん研究のパイオニアとして世界で高く評価された．

「化学発がん」では，その原因が特定されると，診断や予防法の開発が格段に進むのである．化学物質の場合には，作業における安全な取扱いや適切な防御・隔離によって被害を防止することができるからだ．これらは，過去の出来事ではなく，いまもその重要性は変わらない．たとえば，アスベストと肺がん・胸膜中皮腫の発生との関連は，しばしば報道されている．地震や事故で倒壊した古い家屋や設備からアスベストが飛散するなど，現在の問題なのである．しかも，原因となる化学物質がわかっても，その毒性が生じるメカニズムが十分に解明されていないので，同じ毒性が他の物質によって起こる可能性もある．このように，公害や化学発がんは，高濃度の化学物質にばく露されることで起こった健康被害と考えることができる．

●●● エクスポゾームの考え方

ここまで，環境中の金属・化学物質が私たちの健康にどのように影響するのかについて取り上げてきた．ヒトの生涯を考えると，生まれたときから死に至るときまで，生きている間にさまざまな環境因子を受けている．**DOHaD学説**をもち出せば，受精卵から胎児期にかけても，環境因子が作用している．

注目したいことが2つあるように思う．第1に，私たちは低濃度の環境物質をいつも受けているという点である．特定の物質に

エクスポゾームの考え方

高濃度にばく露される可能性は高くないとしても，食べ物や水，大気などから，低濃度の物質を日常的に受け続けている．このような低濃度で長期のばく露による影響については，あまりわかっていない．研究自体が難しいうえに，いまほどには注目されていなかった．第2に，特定の環境因子が作用するというよりも，私たちは多種多様の環境因子を同時に受けているという点だ．これは，多くの環境因子が互いに効果を増強したり，逆に減弱したりする可能性がある．すなわち，"環境因子は低濃度で長期に働いて，その作用は複合的である"と理解することができる．これまでの環境科学・毒性学の研究でわかったことは，高濃度で単一の金属・化学物質による生物毒性についての知見が主体となっていた．しかし近年では，化学物質が低濃度で長期に作用した影響，複数の化学物質が同時に働き合って生じる影響を明らかにするという観点が重視されるようになってきた．

さらには，ヒトの遺伝情報に関して，人類史上で画期的な進歩があった．2000年に**ヒトゲノム**の配列がほぼ解読されて，約30億塩基対のゲノム上にタンパク質をコードする約2万5000個の遺伝子が明らかになった．つまり，ゲノム上にすべての遺伝子を正確にマップすることができた．塩基配列を決定するシーケンス解析技術の革新がなされ，高速に解読することが可能になった．個人の間でゲノムの塩基配列を比べると，約99.9％は同じ配列であるが，残りの約0.1％の配列が異なっている．その多くが**一塩基多型**（SNP，スニップ）であり，これを用いて，特定の病気をもつ患者と健常者を比較することで，ゲノム全体の遺伝子と病気の発症の相関性を調べる**ゲノム・ワイド・アソシエーション・スタディ**（GWAS，ジーバスという）が精力的に実施された[41]．その成果として，遺伝性疾患や単一遺伝子による病気は，その原因

103

●5章 ケミカル

遺伝子が数多く発見されてきた．しかしながら，複数の遺伝子が働き合ったり，いろいろな環境因子がかかわったりする多因子疾患や慢性疾患では，GWASの解析は容易ではなかった．むしろ，これらの病気では，環境因子がより重要なかかわりをもつと考えられるようになった．

こうした背景の中で，2005年，クリストファー・ワイルド博士が**エクスポゾーム**（expo_some_）という概念を提唱した（図5-3）[42, 43]．塩基配列の総和である**ゲノム**（gen_ome_）に対比させて，生物の誕生から死に至るまでに作用する環境因子を総称したものだ．ばく露を意味する"エクスポーズ"（expose）と集合を意味する"オーム"（ome）をつなげた造語である．そこでは，生物の外部環境（生体外）および内部環境（生体内）にある数多くの因子が働き合っていると考えられている．

外部環境には，物理的な要因（温度・湿度，圧力など），栄養，金属・化学物質，精神的なストレスが含まれる．これらが生体に作用すると，細胞内のセンサーで感知され，そのシグナルが細胞核内に伝達されて，遺伝子の発現が制御される．他方，**内部環境**には，体温，血圧，浸透圧，ホルモンや成長因子，血糖，代謝物，運動などがあげられる．

「遺伝と環境」の構図は，「ゲノムとエクスポゾーム」に具体的に言い換えることができる．多くの異なる環境因子が同時に働くので，互いに効果を増強したり，逆に減弱したりするであろう．ほとんどの環境因子は低濃度に長期に働いて，その作用が複合的であることは，エクスポゾームの考え方を有効にするはずである．現在，DNA，RNA，タンパク質，代謝物などの網羅的なオミクス解析と組み合わせて，環境因子にばく露された際にそれを見分ける新しいバイオマーカーを発見したり，健康被害のリスク

● 図 5-3　エクスポゾームの考え方

を総合的に評価したり，病気の予防につながる展開が国際的に進んでいるところだ．

●●● エコチル調査

日本では，「子どもの健康と環境に関する全国調査」が 2011 年から実施されている．「エコロジー」と「チルドレン」を組み合わせて，通称，**エコチル調査**である（図 5-4）．その調査結果から，子どもの健康や成長に影響を与える環境要因を明らかにし，子どもたちが健やかに成長できる環境，安心して子育てができる環境の実現を目指すという．国内で 10 万組の親子を対象にし，子どもが出生してから 13 歳になるまでを追跡調査する．調査協力の同意を得たうえで，質問票による調査，生体試料の採取と保

● 5章 ケミカル

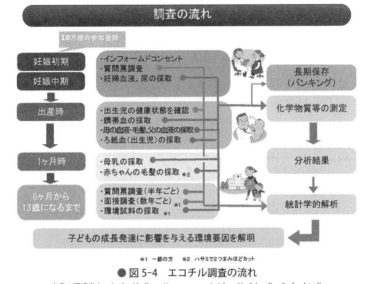

● 図 5-4 エコチル調査の流れ
出典：環境省ホームページ（http://www.env.go.jp/chemi/ceh/outline/index.html）

管，試料と環境の測定を組み合わせて分析が行われている．

　たとえば，エコチル調査に関する 2016 年の報道によると，妊娠中にたばこを吸う母親から生まれた新生児は，吸わない母親の場合に比べて，出生時の体重が 100 グラム以上低いことが示された．2011 年に生まれた 9369 人の新生児と母親のデータを分析したところ，喫煙経験のない母親から生まれた男児の出生体重は平均 3096 グラム，女児は 3018 グラムであるのに対して，妊娠中に喫煙していた母親から生まれた男児は平均 2960 グラム，女児は 2894 グラムであった．また，妊娠初期に禁煙しても，新生児の出生体重は低くなる傾向があったという．妊娠初期において 5% の妊婦が「現在も吸っている」と回答し，年齢別では 25 歳未満の若い妊婦の喫煙率が高かった．たばこに含まれる有害物質が胎児に栄養を送る血管や血流に影響を与えて，体重差が生じると考

えられている．第4章で述べたように，**DOHaD学説**では，低出
生体重児は成人期に肥満や生活習慣病にかかるリスクが高くなる
ことから，妊娠中の母親の喫煙が子どもの将来に悪影響を与える
という危惧があるのだ．

この大規模調査は，環境省が主導して，国立環境研究所，国立
成育医療研究センターが中心になって，全国15か所の大学など
が地方自治体と協力医療機関と共同して実施されている．健康と
病気に関する項目には，妊娠・出産時の状況，先天性奇形などの
発生異常，自閉症や学習障害などの発達障害，ぜん息やアレルギ
ーなどの免疫系，肥満や糖尿病などの内分泌・代謝系，悪性のが
んなどが含まれている．また，環境因子として，農薬や金属など
の化学物質，栄養やたばこ・アルコールなどの生活習慣，経済状
態・職業や住居環境などの社会的な要因，本人と近縁者の遺伝的
要因が調べられる．

また，文部科学省は国内の児童生徒を対象として**発達障害**に関
する推計調査「通常の学級に在籍する発達障害の可能性のある特
別な教育的支援を必要とする児童生徒に関する調査」を平成24
（2012）年に発表した．今回の調査は，平成14年の調査（国内5
地域を対象）をほぼ日本全体に広げて実施したものである．無作
為に抽出した約5万2000人の小中学生について担当教員から回
答（97.0％の高い回答率）が得られた．それによると，知的発達
に遅れはないものの学習面または行動面で著しい困難を示すとさ
れた児童生徒の割合が，平成14年に行った調査においては6.3％
であり，今回の調査でも推定値6.5％であった．学習面には「読
む」「書く」「計算する」「推論する」に困難を示すなど，行動面
には「不注意」「多動性－衝動性」などが含まれている．この推
定値6.5％の児童生徒において，40％程度は教育的な支援がなさ

● 5章　ケミカル

れていないという．こうして，普通学級で平均2〜3人の児童が学習面または行動面で著しい困難を示すことが明らかになり，社会的な関心はもちろんのこと，支援のための環境整備の重要性が高まった．こうした発達障害を抱える人がこの30年間くらいで急増しているといわれる．その原因として，各種の環境物質（内分泌かく乱物質を含む），食事・栄養のバランス，物質的な進歩（携帯電話，インターネットなど），社会構造や対人関係による精神的ストレスなどの可能性が分析されているところだ．

●●● 環境物質に応答するしくみ

　化学物質は，摂取量・ばく露量，効果・濃度，作用時間などによって，生体に益にも害にもなることがわかってきた．生体に対して有害な作用をもつ物質でも，低濃度であれば有益な作用を示すことが注目されている．これを**ホルミシス効果**とよんでいる．細胞が低濃度の物質にばく露されていると，必要な代謝酵素の遺伝子群が誘導されて，その物質への抵抗性を獲得するからである．すなわち「少しの毒をもって毒を制する」ということができる．放射線でも自然光に含まれる程度であれば害にはならず，むしろ，生物に有益な効果があるという．これは環境記憶のひとつの例でもある．

　また，結核などの患者に接触した人に対して，感染症の発症を予防するために，前もって抗菌薬を投与する化学療法が効果的である．これと同様に，がんになる確率が高いハイリスクグループの人には，ある種の薬剤やビタミンを事前に投与することで，がんの発症を予防するという考え方がある．これが**化学予防**である．このように，ホルミシス効果や化学予防の考え方は，長い目

で見て，化学物質に対する細胞側の記憶を利用するという発想につながるのだ．では，私たちの身体の細胞は，環境中の金属や化学物質をどのように感知して応答するのか．さらに，環境物質の作用は記憶されるのだろうか．

化学物質が異物として生体に侵入すると，通常は，代謝・解毒反応を受ける（図5-5）．生物に影響を与える化学物質はある程度の脂溶性の性質をもつので，細胞膜を通過することができる．細胞内に入ると，酸化酵素の**シトクロム P450**（**CYP**と略する）で酸化を受ける（**第1相**）．その結果，化合物としての薬理学的な活性が減弱する場合もあれば，逆に生体分子への反応性が高い**親電子代謝物**に変換される場合もある．生じた親電子代謝物は，細胞内の各種のタンパク質（とくにアミノ酸のシステイン残基）に結合して，そのシグナルが細胞内で伝達される．あるいは，細胞

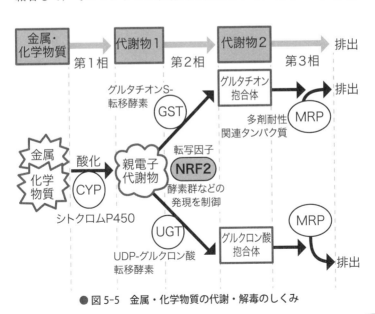

● 図5-5　金属・化学物質の代謝・解毒のしくみ

内に高濃度で存在する**グルタチオン**が付加される．グルタチオン
は γ-グルタミンシステイン合成酵素によって合成される短いペプ
チドであり，**グルタチオン S-転移酵素**が親電子物質にグルタ
チオンを付加する（グルタチオン抱合という）．こうして，多く
の親電子物質のグルタチオン抱合体が形成される（第 2 相）．親
電子物質の種類によっては，**UDP-グルクロン酸転移酵素**によっ
てグルクロン酸抱合を受ける場合もある．これらのグルタチオン
抱合体およびグルクロン酸抱合体は，**多剤耐性関連タンパク質**に
よって認識されて細胞外に排出される（第 3 相）．このような 3
段階の反応によって，金属や化学物質は代謝・解毒されている．

　重要なことに，転写因子 NRF2 が**第 2 相**および**第 3 相**に働く酵
素群の発現を制御していることがわかった．第 2 章で述べた
「KEAP1-NRF2 パスウェイ」によって，親電子物質の解毒と排
出が行われている（図 5-6）．たとえば，**メチル水銀**はタンパク質
のイオウ原子を水銀化する有害な物質であるが，**グルタチオン**と
抱合体を形成して解毒され，**多剤耐性関連タンパク質**を介して細
胞外に排泄される．このため，NRF2 を欠損した細胞では，メチ
ル水銀濃度が高くなり，その毒性が増加することが報告されてい
る[17]．

　酸素濃度の上昇や活性酸素の増加による酸化ストレスが起こる
と，細胞は「KEAP1-NRF2 パスウェイ」で感知して応答してい
ると述べた．これと同様に，NRF2 は，親電子物質に応答して活
性化され，ゲノム上の**親電子応答配列**（抗酸化応答配列と同じ）
に結合し，解毒酵素などの遺伝子発現を誘導することができる．
つまり，金属・化学物質に対する細胞の抵抗性を高めて恒常性を
維持している．

環境物質に応答するしくみ

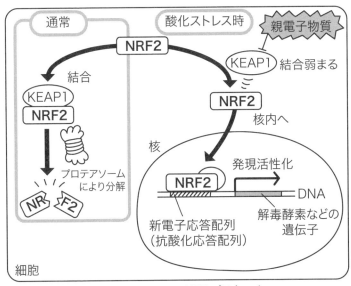

● 図 5-6　KEAP1－NRF2 パスウェイ

　通常の条件下では，NRF2 は相方の KEAP1 と結合して分解されている．そして，親電子物質が KEAP1 タンパク質に付加することで，NRF2 との結合が弱まる．すると，安定化した NRF2 は核内に移行して，新たな共役因子と結合し，親電子物質の解毒・排出にかかわる遺伝子群の転写を活性化するというしくみである．すなわち，「KEAP1－NRF2 パスウェイ」は，KEAP1 が親電子物質を感知して，NRF2 が応答するわけである．環境因子に対する「感知→応答→記憶」の法則に当てはめると，適量の親電子物質がこのパスウェイを働かせて，解毒・排出が促進されているならば，細胞はこの耐性の状態を維持してエピゲノムに記憶していく可能性が考えられる．

●5章　ケミカル

●●● DNA の損傷に応答する

　本章の最後に，ゲノムの DNA 損傷が起こった場合の細胞応答について述べよう．環境中の多くの化学物質，酸化ストレスで生じた活性酸素，放射線や紫外線などは，DNA に直接に作用して損傷を起こすことが知られている．もしも DNA が傷つくと，細胞はすぐに感知して応答しなければならない．なぜなら，生命の設計図に異常が起これば，細胞にとって致命傷になったり，がん化したりする危険性が生じるからだ．

　がんの研究分野において，p53 というタンパク質は，他に比類のないスター・プレイヤーである[44]．とりわけ，成人期の悪性のがん（胃がん，大腸がん，肺がんなど）の半数以上において，p53 の遺伝子変異が認められる．これが，p53 は細胞のがん化を防ぐ最も重要な**がん抑制遺伝子**として，"ゲノムの守護神"とよばれる所以である．もしも p53 遺伝子に変異が起こってしまうと，その細胞ががん化する可能性が著しく高まるのだ．このため，病院で進行性のがんと診断されるときには，p53 を含む遺伝子の変異があることが多い．

　では，細胞はゲノム DNA の損傷をどのように感知して応答するのか．その主役が「ATM－p53－p21 パスウェイ」である（図5-7）．DNA 損傷が生じると，DNA の切断端を認識するタンパク質が感知して結合する．すると，**ATM リン酸化酵素**が活性な状態になり，ATM が **p53 タンパク質**をリン酸化し，p53 は安定化して転写因子として働くようになる．4 つの p53 分子が集まった4 量体をつくり，特定の塩基配列（**p53 結合配列**）に結合する．たとえば，p53 は標的のひとつである p21 遺伝子の発現を誘導し

112

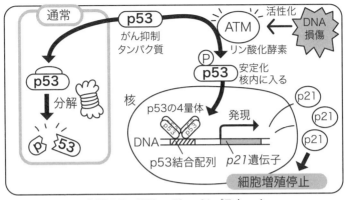

● 図5-7 ATM－p53－p21パスウェイ

て，合成された**p21タンパク質**が細胞増殖を促進する酵素（サイクリン依存性キナーゼとよぶ）を阻害することで，細胞の増殖が停止する．興味深いのは，通常の細胞はp53タンパク質をいつも合成しながら，分解していることだ．このため，DNA損傷などが生じれば，その分解を停止することで，p53タンパク質は細胞内ですみやかに蓄積して働くことができる．これは，DNA損傷に対する"即時の応答"と考えることができる（図5-8）．この応答によって，増殖を停止した細胞はDNAの損傷を修復する．また，DNAに致命傷を受けた細胞は，それを修復することができず，**細胞死**（アポトーシス）が誘導される．もしも*p53*遺伝子が変異して働けないと，DNAの損傷が正しく修復されずに細胞が増殖することから，ゲノム全体が不安定になり，その一部の細胞は**がん化**しやすくなる．さらには，第8章で述べるように，細胞が分裂を繰り返してDNA損傷が少しずつ蓄積すると，細胞の**老化**が誘導されることもある．このように，蓄積するDNAの損傷はゲノムや染色体の異常を誘発していく．ゲノムが変化する

● 5章　ケミカル

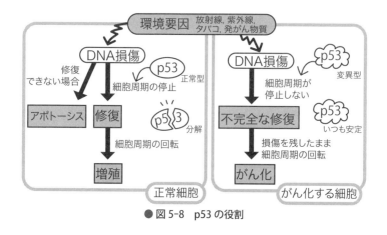

● 図 5-8　p53 の役割

と，DNA のメチル化やヒストンの修飾などのエピゲノムが変化する．それらはエピゲノムの記憶としても蓄積することになる．

まとめ

　本章では，化学物質・金属に対する「**感知→応答→記憶**」について述べてきた．細胞が環境物質（親電子物質）を受けると **KEAP1－NRF2 パスウェイ**が働く．KEAP1 が修飾されることで感知して，NRF2 が安定化して特定の遺伝子を活性化することで応答している．酸化ストレスと同じ経路が使われることは興味深い点である．DNA に損傷が起これば，**ATM－p53－p21 パスウェイ**が働く．環境因子が持続的に作用するならば，それが細胞に記憶されて毒にも益にもなる．

<big>6</big>

感　染
──ウイルスと免疫──

●●● ウイルス感染

　環境要因の中で，物理的な因子（酸素，温度），化学的な因子（栄養，ケミカル）について述べてきたが，生物学的な因子も重要な要素になっている．本章では，病原体としてのウイルスを取り上げてみよう．感染を受けた場合の「**感知→応答→記憶**」のパスウェイとはどうなっているのだろうか．

　ウイルスは，電子顕微鏡で見えるほどのきわめて小さな感染性粒子である（図6-1）．大体10〜50ナノメートル（nm）の大きさなので，ひとつの細胞を10〜50マイクロメートル（μm）とすると，1000分の1程度である．ウイルスという細胞内寄生体は，DNAまたはRNAのいずれか一方の核酸を保有し，寄生した細胞の中で自らを複製する．ウイルスはこの核酸を遺伝子として，タンパク質でつくられた外殻によって被われている．ミトコンドリアのような細胞内小器官はウイルスにはないので，エネルギー産生はできず，生きた細胞に寄生しなければ増殖することはできない．

　感染を受けた**宿主細胞**が破壊されて子孫ウイルスが放出される

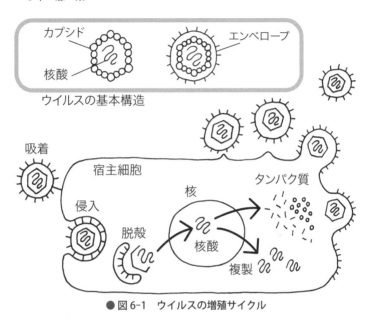

● 図6-1 ウイルスの増殖サイクル

と，別の細胞に感染していく．このサイクルが，感染者の体内で実際に起こっているわけである．ウイルス増殖のサイクルを見てみると，細胞に吸着・侵入，脱殻，核酸の転写と複製，タンパク質の合成，これらの組み立て，そして放出といった過程からなる．このため，構成成分のすべてがそろって，効率よく増えることができる．逆に，おもな構成成分がひとつでも足りなければ，ウイルスは増殖することができない．

感染する宿主の違いによって，動物ウイルス，植物ウイルス，昆虫ウイルス，細菌ウイルスに分けられている．ほとんどの生物に対してウイルスが存在しているが，注目すべきは，個々のウイルスが感染する宿主と宿主細胞がかなり限定されていることだ．これは，そのウイルスが作用できる選択的な**受容体**を細胞がもっ

ていることによる．細胞が本来の別目的のために使う受容体をウイルスが感染のために利用するのだ．細胞にとってはウイルスを感知するセンサーであるともいえる．ヒトにおいて感染する組織とウイルスの組み合わせは，神経（ポリオウイルス，日本脳炎ウイルス），呼吸器（インフルエンザウイルス，アデノウイルス），皮膚・粘膜（単純ヘルペスウイルス，帯状疱疹ウイルス），眼（アデノウイルス，ヘルペスウイルス），肝臓（肝炎ウイルス），唾液腺（ムンプスウイルス），リンパ球（ヒトＴ細胞白血病ウイルス，ヒト免疫不全ウイルス），消化管（ロタウイルス，ポリオウイルス），ほぼ全身性（麻疹ウイルス，風疹ウイルス）などである．こうして，宿主に病気や異常を引き起こす場合，そのウイルスを**病原ウイルス**，病気を**ウイルス感染症**とよぶ．とりわけ，宿主細胞を破壊するウイルス，感染細胞の性質を変えるウイルスは，病原性をもっている．

　宿主に感染を成立させる伝播経路を知ることがウイルス感染を予防する鍵になる．おもに４つの様式があり，呼吸器や唾液を介する経路，便から口・消化器を介する経路，性的な接触を介する経路，蚊などの媒介生物や血液を介する経路である．また，宿主の間でウイルスが伝播する場合（**水平伝播**），胎盤・産道・母乳を介して母子間でウイルスが伝播する場合（**垂直伝播**）がある．さらに，生物種を超えて感染が成立する**人獣共通感染症**，近年初めて発見された**新興感染症**（新型インフルエンザ，ジカ熱など）など，ウイルスに関する情報は刻々と変化するので，社会全般の関心は高い．

6章 感 染

●●● 感染とがん

第5章で述べた発がんについて振り返ってみよう. 化学発がん
が明らかになった後には, がんは「ウイルス」による病気である
との考えが有力になった[44]. 1900年代は, コレラ菌や結核菌な
ど細菌による感染症が猛威をふるっていた. このため, 多くの病
気の原因は細菌によると考えられていた. そういう中で, 1911
年, 米国のロックフェラー医学研究所の病理学者フランシス・ペ
イトン・ラウス (1879-1970年) らがニワトリに肉腫 (がんの1
種) を引き起こすウイルスの存在を突き止めた. ニワトリの肉腫
をすりつぶし, 細菌が通過できない程の細かいフィルターでろ過
した抽出液をニワトリに注射したところ, 新たに肉腫を誘発でき
ることがわかった. 細菌よりも小さな病原体ががんを引き起こす
というのだ. 1930年代に電子顕微鏡が発明されて, これが最初
に確認された**腫瘍ウイルス** (がんウイルス) になった. そのウイ
ルスは「ラウス肉腫ウイルス」と名づけられ, 現在はレトロウイ
ルス (RNAウイルスで逆転写酵素をもつ) の1種であることが
判明している.

1960年代になって, がんウイルスが次々に発見されていく.
その代表的な例は, Bリンパ球が腫瘍化する**バーキットリンパ腫**
という病気であった[45]. 当時, デニス・バーキット医師 (1911-
1993年) は, アフリカでの日々の診療の中で, あごが腫れた子
どもが多くいることに気づいた. 少ない研究費で大変な苦労をし
ながら, その調査をまとめて, 1958年に報告を行った. この腫
瘍は, 後にバーキットリンパ腫とよばれるようになった. このリ
ンパ腫細胞の増殖能は高く, 発見されたときに巨大な腫瘤になっ

ていることも多い．

このバーキットの報告に感銘を受けて，エプスタインとバーの両氏が研究を進めて，1964年，バーキットリンパ腫の細胞からヘルペス科の原因ウイルスを同定した．**エプスタイン・バーウイルス（EBウイルス）**と名づけられ，その後，このウイルスは，鼻咽頭がん，そして胃がんの発生にもかかわることがわかったのである．

EBウイルスは，乳幼児期に感染を受ける場合が多く，日本の成人の90％以上が感染している．初感染時は軽いかぜ様の症状のみで，「伝染性単核球症」とよばれるものだ．大人になるまでに一度は感染する身近な病気である．EBウイルス感染症は，唾液を通して人から人にうつることから「キス病」とよばれることもある．むやみに恐れることはないが，その一部には，EBウイルスの潜伏感染や慢性感染として，長期にわたってヒトの体内で活動したり，増殖したりする場合が知られている．

こうして，**ウイルス性発がん**という考え方が確立されていった

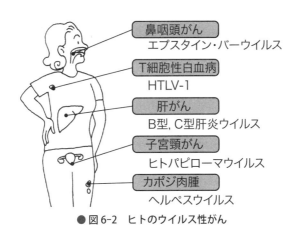

● 図6-2　ヒトのウイルス性がん

●6章 感 染

（図6-2）．これらのウイルスは，感染細胞の性質を変えてがん化を促進することで，病原性を発揮している．現在までに，**B型肝炎ウイルス**と**C型肝炎ウイルス**による肝がん，**ヒトパピローマウイルス**（16型，18型など）による子宮頸がん，**ヒトT細胞白血病ウイルス**（HTLV-1）による成人T細胞白血病，**ヒトヘルペスウイルス**（8型）によるカポジ肉腫（エイズの合併症）などが知られるようになった．ウイルス性発がんでは，その原因が特定されると，診断や予防法の開発が格段に進むのである．たとえば，肝炎ウイルスに対しては，血中の抗体価による感染症の診断と経過観察，免疫グロブリンを補充する抗体医薬品，ウイルス感染細胞を攻撃するインターフェロンなどの治療，ワクチンを用いた感染の予防などが行われている．

●●● 生まれつきのトーチ症候群

　病原性をもつウイルスは，感染細胞を破壊したり，感染細胞の性質を変えたりする．しかも，ウイルス感染を受けた細胞や組織の異常は，その後にウイルスが消失しても残っていく．その結果として，細胞の異常で組織の形成不全が起こる「発生異常」，増殖を続ける「がん」などを生じる．このように，感染自体が終了した後でも，ウイルスの影響が生涯にわたって続くのが大きな問題になるのである．

　ヒトの個体発生において，受精卵からスタートして，細胞の増殖と分化を繰り返し，それぞれの組織・器官が形成される．多くの器官形成が行われる妊娠初期の8週頃までは，環境因子の影響をとくに受けやすいので，これを**臨界期**とよぶ（第4章）．この時期に妊婦がウイルスの感染を受けたり，アルコールやたばこ，

薬やレントゲン，偏った食事を経験したりするならば，成育中の胎児に重大な影響を及ぼしやすい．もしも発生の過程で誤りが起こると，胎児の生命が失われる場合もあれば，生存してもその子が病気になりやすい"素因"をもつ場合がある．つまり，環境因子が発育中の胎児に影響を与える可能性があるのだ．

近年，**風疹**の流行が注目されている．三日はしかとよばれるように，発熱，発疹，リンパ節の腫れがおもな症状である．風疹は，一度かかると，再びかかることはまれである．しかし，軽い場合は風邪のような症状なので，本当にかかったのかどうかは案外明確ではない．ほとんどの人には支障はないが，妊娠初期の女性が風疹にかかって，胎児が風疹ウイルスに感染すると，大きな問題を生じることがある．先天性心疾患，重度の難聴，白内障，そして発育や発達の遅れをもった赤ん坊が生まれる可能性があるのだ．これを**先天性風疹症候群**とよんでいる[46]．風疹ウイルスが発生のプログラムに影響を与えるためと考えられる．有効な治療法がないので，免疫のない人や感染歴の定かではない人には，前もっての**ワクチン接種（予防接種）**が推奨されている．妊婦の感染予防が第一なのである．このように，胎児の発生に影響を与える病原体を理解しておくことは，生まれてくる子どものために大切である．

母体への影響は軽微であっても，妊娠中におもに胎盤を通じて起こる母児感染によって，胎児に奇形または重篤な感染症を引き起こすものを，まとめて**トーチ（TORCH）症候群**という（図6-3）．「TORCH」とは英語でたいまつ，光という意味である．**トキソプラズマ症**（<u>T</u>oxoplasmosis），その他（<u>O</u>ther：B型肝炎ウイルス，コクサッキーウイルス，エプスタイン・バーウイルス，水痘帯状疱疹ウイルス，梅毒など），**風疹**（<u>R</u>ubella），**サイトメ**

6章 感染

● 図6-3　トーチ症候群

ガロウイルス（Cytomegalovirus），**単純ヘルペスウイルス**（Herpes simplex virus）の頭文字をとって名づけられている[46]．このうち，日本の先天性感染症としては，トキソプラズマ症とサイトメガロウイルス感染症が多い．

　ウイルス感染の経路として，胎盤・産道・母乳を介して親子間でウイルスが垂直伝播することを述べた．その一方で，母体でつくられた抗体が胎盤を移行したり，母乳に分泌されたりすることによって，免疫能が未熟な新生児を感染から守っていることも事実である．これを**胎盤移行抗体**，**母乳抗体**とよぶ．母親がそれまで感染を受けた病原体に対する抗体を蓄積して，胎児や新生児に分け与えている．このように，母親の免疫能は，とくに出生前後の子どもにとって重要な役割を果たす．

自然免疫

病原体から自己を守ることは，健康の維持に欠かせない．その担い手には，病原体の構成成分を認識してすぐに誘導される**自然免疫**，自然免疫の後に病原体を特異的に認識して長期に働く**獲得免疫**がある．まずは自然免疫から述べていこう（図6-4）．

ウイルスや細菌が生体に侵入すると，**樹状細胞**や**マクロファー**

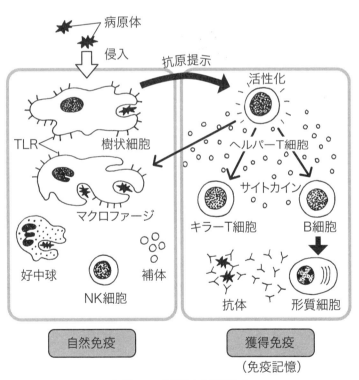

● 図6-4　自然免疫と獲得免疫

ジ（ともに食作用をもち，**抗原提示細胞**になる）は，細胞膜上の**トール様受容体（TLR）**などのセンサーを使って病原体の成分を感知する．この受容体は，病原体に対して特異的に働くタンパク質であり，ヒトでは13種類，マウスでは10種類が知られている．たとえば，リポ多糖（細菌の細胞壁の成分），非メチル化CpGオリゴヌクレオチド（細菌ゲノムに多い），脂質やタンパク質などが選択的に認識されている．その後，TLR受容体から細胞内にシグナルが伝わり，最終的に転写因子 **NF-κB**（エヌエフ・カッパービー）が活性化して応答する．通常，NF-κB はその抑制因子である **IκB**（アイ・カッパービー）と結合して細胞質に存在している．IκB が分解を受けると，活性化した NF-κB は，細胞質から細胞核へと移行し，**腫瘍壊死因子**や**インターロイキン**とよばれる**サイ**

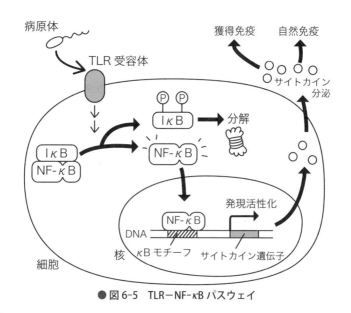

● 図6-5　TLR－NF-κB パスウェイ

トカイン遺伝子の発現をすみやかに誘導して**炎症反応**を起こす（図6-5）．このため，**TLR－NF-κB パスウェイ**は，病原体を感知して**自然免疫**を活性化するという応答を行っている[47]．さらに，分泌されたサイトカインは**リンパ球**に働いて，機能的な分化を促す．また，**主要組織適合抗原**（MHC 抗原）にウイルス由来のペプチド（タンパク質の断片）を**抗原**として提示し，リンパ球を活性化する．こうして，次に述べる**獲得免疫**に連結している．当初，自然免疫は非特異的と考えられていたが，TLR などの発見によって抗原特異性をもつことが判明した．さらには，自然免疫が抗原に対する記憶をもっていると考えられるようになった（図6-6）．代表的な2つの現象を紹介すると，1）病原体感染によって，1回目よりも2回目に強く反応するという**訓練された自然免疫**，2）細菌由来の微量のエンドトキシン（細菌の細胞壁を構成するリポ多糖のこと）の前投与によって，その後のエンドトキシン投与に対する耐性を示すという**エンドトキシン・トレランス**がある[48,49]．これらの生体防御のメカニズムは，「TLR－NF-κB パスウェイ」を調節することによると考えられている．

分子のレベルでは，**NF-κB** は DNA 上の **κB モチーフ**とよばれ

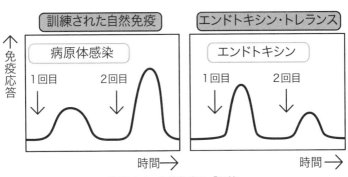

● 図6-6 **自然免疫の「記憶」**

る標的の塩基配列に結合し，遺伝子の発現を調節する．この配列にはメチル化を受ける「CG」は含まれておらず，DNAのメチル化が直接かかわる可能性は低い．むしろ，NF-κB が引き寄せてくるヒストンの修飾酵素がエピゲノムの形成にかかわるのであろう．それぞれのサイトカインは細胞膜の異なる受容体に選択的に結合し，NF-κB を活性化する結果，さらにサイトカイン遺伝子群の発現を促進する．炎症反応を増幅するというポジティブ・フィードバックである．逆に，NF-κB は抑制因子 IκB などの遺伝子を活性化して，ネガティブ・フィードバックを備えている．つまり，正常な免疫反応には，NF-κB の働きを適切に調節することが欠かせない．実際に，NF-κB が過剰に活性化して免疫細胞が働き過ぎたり，逆に不活性になって免疫細胞が働かないと，後述するような病気の発症につながることが知られている．

●●● 獲得免疫

　生まれながらの自然免疫とともに，感染したウイルスや細菌に対して抵抗性を獲得する能力が備わっている．これを**獲得免疫**という（図6-4）．多様な抗原に対して特異性の高い免疫能を発揮する．しかも，初回に比べて，2回目以降の抗原刺激によって機能が増強するという**免疫記憶**が存在している．次の2種類のリンパ球がそのおもな役割を担っており[50, 51]，これらのリンパ球の分化には，エピゲノムの形成による遺伝子発現の調節が重要な役割を果たしている[52]．

　T細胞は，骨髄の造血幹細胞に由来し，この幹細胞が**胸腺**に移動して分化することで発生する．その際には，サイトカインの刺激によって分化の方向性が決まる．細胞表面に CD4 または CD8

獲得免疫

という膜タンパク質を発現し，**CD4** を発現する T 細胞は，B 細胞を活性化し抗体産生を助けることから**ヘルパー T 細胞**とよばれる．他方，**CD8** を発現する T 細胞は，細胞傷害活性によってウイルス感染細胞やがん細胞を攻撃する**キラー T 細胞**に分化する．これらの細胞の表面には **T 細胞受容体**があり，抗原提示細胞が提示する**抗原**を認識して獲得免疫を実行している．

B 細胞もまた，骨髄の造血幹細胞に由来し，**脾臓**やリンパ節などに移動して成熟する．体外から侵入した病原体に由来する抗原を **B 細胞受容体**によって認識する．この受容体は，細胞膜に位置するタイプの免疫グロブリンを発現したもので，抗原と結合する部位の突然変異によって多くの抗原を感知する能力をもっている．さらに，一部の B 細胞は**形質細胞**になって，抗原を特異的に認識する**抗体（免疫グロブリン）**を発現して分泌する．その結果，病原体を不活性化したり，生体から排除されたりすることを促す．

個々のリンパ球は単一の **T 細胞受容体**または **B 細胞受容体**を発現して，リンパ球の集団として多様な抗原特異性を可能にしている．免疫が活性化する際には，抗原特異的な T 細胞と B 細胞が増殖して働く．さらに，病原体が体内から消えても，B 細胞の一部が長期に生存して（**メモリー B 細胞**），同じ病原体が再び侵入したときに特異的な抗体をすみやかに強く産生する．また同様に，T 細胞にも**メモリー T 細胞**が知られている．このため，過去にかかった感染症に対する抵抗力を維持し，抗原の再来に対して機能を増強できるわけである．こうした免疫細胞が抗原に対する記憶を保持して，長期の寿命をもつメカニズムには，エピゲノムの役割が欠かせないはずである．すなわち，**獲得免疫**は，抗原特異的な**免疫応答**とかつて侵入した抗原を記憶する**免疫記憶**によっ

127

●6章 感 染

て成立している．このため，ワクチンは，再来する病原体を記憶
してすみやかに排除するしくみを利用するものである．

●●● ワクチンと免疫記憶

　重症化しやすいウイルス感染症を予防するには，どうしたらよ
いだろうか．「病気を経験させることなしに，個体にその病気に
対する抵抗性を与えるもの」を**ワクチン**という．これには，大き
く2種類がある．ウイルスを繰り返し培養して弱毒化しながらも
感染性は保った生ワクチン，化学的に感染性を失わせた不活化ワ
クチンである．**弱毒生ワクチン**は，投与時に軽い全身症状があ
り，免疫効果に優れているが，接種を受けた人の体内で強毒性に
変異する可能性を完全には否定できない．天然痘，はしか，風
疹，おたふくかぜ，水痘帯状疱疹，ロタウイルス感染症に用いら
れている．**不活化ワクチン**は，ウイルスの増殖性を失わせている
ので安全であるが，大量の抗原が必要になる．しかも，核酸やタ
ンパク質などの成分が含まれるので，自然免疫を刺激して接種部
位に炎症や発熱を伴う．インフルエンザ，A型・B型肝炎，ポリ
オ，日本脳炎，狂犬病に対して使われている．

　ワクチンは感染予防や感染時の軽症化という目的から考える
と，個体に病気を起こさないか，少なくとも自然感染より軽いこ
とが求められる．最も重要な点は，ワクチン自体の副作用や健康
被害がないという安全性である．ワクチンを受けた場合の経過を
整理してみよう（**図6-7**）．ワクチンを接種した後，数時間から数
日にかけて**自然免疫**が誘導される．それが終わるころから抗原に
特異的な**獲得免疫**が働きはじめ，数か月をピークとして年単位に
及ぶ（**短期記憶**）．抗原刺激に応答したリンパ球の一部が体内で

128

ワクチンと免疫記憶

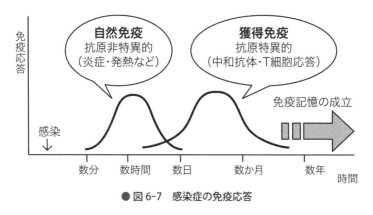

● 図6-7 感染症の免疫応答

維持されれば,数年から長期にわたって保持できる(**長期記憶**).この記憶に働くリンパ球が,先に述べた**メモリーT細胞**と**メモリーB細胞**なのである.これらの免疫記憶にかかわる細胞は長期に生存して老化しにくいエピゲノムを形成していると考えられている.

ところが,現在のワクチンは万能ではなく,改良する余地が残されている.ワクチンの免疫効果は100%ではなく,誘導される抗体の獲得率は異なっている.抗体を獲得できなかった場合,接種を受けていても感染症にかかる可能性は大いにある.また,インフルエンザに対する不活化ワクチンの注射では,血液中の抗体の産生を誘導しても,ウイルスが侵入する気道粘膜に免疫グロブリンAを誘導はしない.つまり,インフルエンザの予防接種は,上気道感染を防御するのではなく,感染後の重症化を防ぐ効果が期待されている.厄介なのは,エイズを起こすヒト免疫不全ウイルス(HIV)のように抗原の構造が変わって抗体が働けなくなるウイルスでは,ワクチンの安定な効果は得られにくいことである.

さらに,ワクチンが免疫効果を発揮するには,接種した後にあ

● 6章 感 染

る程度の期間を要する．感染を受けてからでは間に合わない．発
病を予防するうえでは，能動免疫と受動免疫があるが，これまで
述べてきたワクチンは，体内で自らがつくり出す**能動免疫**であ
る．すでに特定のウイルスに感染して**中和抗体**（ウイルスの感染
性を弱める）をもつ第三者の免疫グロブリンを新たな感染者に投
与するのが**受動免疫**である．これは即効的な効果を期待できる反
面，その後の免疫記憶には至らない．

●●● 免疫が異常になると

　免疫機構がうまく働けば，私たちの生体防御として有益であ
る．しかしながら，それが強すぎても弱すぎても，健康状態に重
大な問題を起こす．次に挙げるような免疫応答の異常に対して
は，効果的な予防法や治療法は見つかっておらず，一度発症する
と長期に慢性化しやすい．その病気の多くはおもに**獲得免疫**によ
る（図6-8）．つまり，エピゲノムの変化による**分化の異常，免疫
記憶の異常**がヒトの病気につながると考えられている[50]．

　気管支ぜん息，アトピー性皮膚炎，花粉症などの**アレルギー疾
患**は，日本人の3人にひとりがかかる．これらの病気の発症や病
態は，抗原に対する免疫反応が過剰に活性化されることによる．
体内の免疫系の調整役である**ヘルパーT細胞**（**Th**）は，産生す
るサイトカインの種類によって，免疫反応の促進に働く**Th1**，
Th2，**Th17細胞**などに分けられる．逆に，免疫反応の抑制に働
く**制御性T細胞**（Treg）も存在している．これらのT細胞は，
お互いにバランスを取りながら正常な免疫反応を担っている．と
ころがバランスが崩れて，**Th2細胞**が優位になった場合にアレル
ギー疾患が発症するのではないかと考えられている．Th2細胞

免疫が異常になると

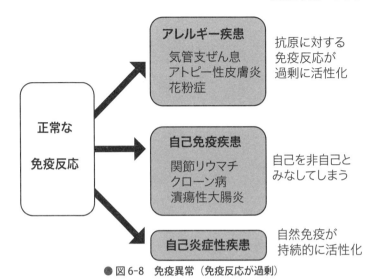

● 図6-8　免疫異常（免疫反応が過剰）

は，**インターロイキン-4**（IL-4）というサイトカインを分泌して，アレルギー反応にかかわる抗体（IgE）産生や好酸球の働きを高めるからである．

同じように，**インターフェロン-γ**（IFN-γ）を産生する **Th1 細胞**または**インターロイキン-17**（IL-17）を産生する **Th17 細胞**が優位になった場合に，関節リウマチや炎症性腸疾患（クローン病，潰瘍性大腸炎）などの**自己免疫疾患**の発症につながるといわれる．

さらには，自己免疫疾患や感染症が見られないのに，発熱などの炎症が長期に持続する状態についても注目されてきた．おもに**自然免疫**が過剰に活性化されることがわかり，**自己炎症性疾患**とよばれるようになった．

これらとは対照的に，免疫機能が低下する病態を**免疫不全**とよぶ．生まれつきの場合は，**先天性免疫不全症候群**という（図

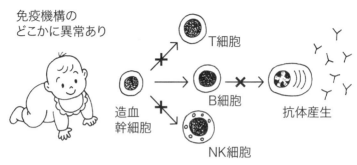

● 図6-9 免疫不全（免疫機能の低下）

6-9)．人口10万人あたり2〜3人の頻度で，感染症を繰り返して，重症化しやすい病気である．炎症性腸疾患や悪性リンパ腫・白血病などの腫瘍の発症を伴うこともある．現在までに200以上の病型の報告がなされており，わかっている範囲では，免疫機構のどこかに異常が生じている．また，**後天性免疫不全症候群**（エイズ，AIDS）は，レトロウイルスのひとつである**ヒト免疫不全ウイルス**（HIV）によって，免疫不全，日和見感染，悪性腫瘍が生じる病気である．詳しいことは他書をご参照いただきたい．

●●● 免疫の老化

本章の最後として，高齢化社会が進むにつれて，免疫力の低下が誘因となりやすい慢性炎症，がん，肺炎などの感染症が増加することが現実になっている[53]．加齢に伴って，とくに**獲得免疫**の反応が低下するので，これを**免疫老化**とよぶ（図6-10）．この免疫老化は，高齢者における感染抵抗性の低下，ワクチン効果の低下につながるものである．すなわち，**免疫記憶の喪失**と考えることができる．

免疫の老化

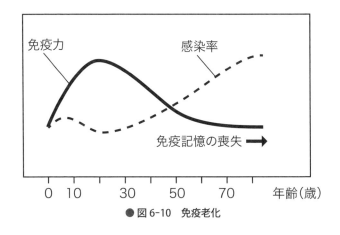

● 図6-10 免疫老化

　獲得免疫を担う細胞の中で，**T細胞**の機能が個体の老化によって減弱することが知られている．前述のように，T細胞は胸腺でつくられるが，胸腺は年齢とともに退縮するため，老齢期では新しいT細胞の供給は減少している．このため，その人の体内では以前につくられたT細胞を増殖しながら維持していく．ところが，T細胞の分裂回数や増殖能力にも限界があり，細胞の老化は否応なしに誘導されることになる．さらに，慢性ウイルス感染などによって，T細胞が過剰に増殖を繰り返すと，よりいっそうT細胞の老化や枯渇につながりやすくなる．また，第8章で述べるように，加齢とともに身体の中に蓄積する**老化細胞**は炎症を促進するサイトカインを分泌して，免疫系の細胞の増殖を刺激しやすいことから，免疫老化をさらに促進することになる．エピゲノムは細胞の老化で大きく変動することから，免疫老化とも深くかかわると考えられている．

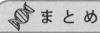

まとめ

　本章では，病原体に対する「**感知→応答→記憶**」について述べてきた．細胞がウイルスなどの感染を受けると，免疫応答として **TLR－NF-κB パスウェイ**が働く．TLR が感知して，**NF-κB** が炎症性のサイトカイン遺伝子などを活性化することで応答する．その病原体に対して，免疫系の細胞に記憶が獲得される．この免疫記憶の実体は，抗原に応答して分化した特定のリンパ球が長期生存できるエピゲノムにありそうだ．

ストレス
——現代社会を生きる——

7

●●● 心身の感覚とストレス

　ヒトは少なくとも2つの感覚をもっている．いわゆる，五感（視覚，聴覚，嗅覚，味覚，触覚）は**意識できる感覚**である．私たちはまわりの環境から情報を受け取りながら，多くの対象を認識している．仮に五感のひとつを失ったとしたら，日常生活で予想以上の苦労が生じることであろう．他方，**意識できない感覚**の多くは「内臓感覚」とよばれて，身体の内部の情報に関するものである．通常は意識にのぼらないが，極端な状態になれば，身体の変調に留まらず，生命の維持をも脅かす．これには，血圧，体温，血糖，酸素濃度など，呼吸・循環・代謝の機能にかかわる徴候が含まれている．とりわけ，私たちがストレスに対する場合，これらの感覚が一緒になって働く．つまり，心身は一体なのである．

　昭和の作詞家の阿久悠氏が1998年に明治大学の卒業式で学生に贈ったという，「時代おくれの新しさ」の最初の一節である．「時代に遅れないように　というのがモットーで　そればかりを考えて来たが　近頃になって　どうしたら上手に　時代に遅れられる

7章　ストレス

だろうかと　懸命に考えている」(阿久悠 著,『凛とした女の子におなりなさい』暮しの手帖社 より)

　おそらくいまも昔も変わらず，時代や社会の変化は予想以上に早い．多忙な毎日を過ごしながら，時代に遅れまいと努力する自分があった．"忙しい"という字は，心を亡くすと書く．しかし，年を経てくると，上手に遅れるならばそれでよいという境地に至った．上手な遅れ方を考えるようになったという．このように，ストレスとつき合うには，自分の思考をうまく転換するのはひとつの智恵であろう．

　ストレスという言葉は，刺激によって生じる心身の応答を意味する[54]．もとはといえば，刺激に対する反応を指していたが，刺激そのものをストレスとよぶようになった．ストレスの要因について，本来は**ストレッサー**という語が用いられる．これには，心理的なものから身体的なものまで，幅広く含まれている．たとえば，仕事や人間関係，近親者の死，転勤，育児，災害などが挙げられるであろう．暑さ・寒さ，騒音，振動，光，薬剤，感染症なども原因になるので，きわめて多彩である．しかも，ストレスは，その受け手側の個人差が大きいことも特徴である．たとえ同じ刺激を受けても，平気であったり，大きな悩みになったり，人によって心身の反応は同じではない．

　1936年にハンス・セリエ博士(カナダの生理学者，1907-1982年)が，「ストレス」を医学の中で初めて唱えた[55]．もともとこの語は，工学・物理学の分野で，物体に力が加わって生じる"ひずみ"のことを指していた．また，ほぼ同義の医学用語として，外科学で使われる**侵襲**という言葉がある．患者にとって，病気そのものは侵襲であるが，手術や医療処置も同じく侵襲なのである．手術を受けた患者の血液中で，**ストレスホルモン**(後に述べ

心身の感覚とストレス

るグルココルチコイドなど）が上昇することが知られている[56]．病気であっても，治療であっても，侵襲に対する心身の応答は同じなのである．そのストレスと闘うためには，心身のアクセルを全開にする．ストレスによって，緊張感が生まれて，事態が良い方向に進むこともある．逆に，力が入りすぎて空回りして，結果としてうまく行かないこともある．いずれの場合も，ほとんどの人が経験ずみのことであろう．

ストレスに対する応答は，次のような3段階に分けることができる．①"ファイト・オア・フライト"（闘争か，逃走か），②ストレスに対する"抵抗反応"，③"心身の疲弊"，である．①で終わることもあれば，②に及ぶこともあり，それでも難しいと③に至る．

具体的にストレス応答のしくみを見ていこう（図7-1）．第1段階の"**ファイト・オア・フライト**"においては，鼓動は速くなり，身体の震えが起こるが，神経は集中する場合がある．心拍数や血圧は上がり，ブドウ糖や酸素が大量に全身に送り出される．神経系や内分泌系もフル稼働し，**視床下部**から**交感神経**を介して，**副腎髄質**から**アドレナリンやノルアドレナリン**が分泌される．"火事場の馬鹿力"である．しかし，どうしても手に負えないときは，あきらめて逃げるという選択になる．このような困難な状況を乗り越えると，自分の能力に自信をもてるようになる．ストレスも慣れてくると，不思議と，耐性が身についてくる．興味深いことに，逆にストレスがまったくない状態では，人は挑戦する意欲も少なくなり，達成感もなかなか得られないものである．

第2段階の"**抵抗反応**"では，**視床下部**から放出されるホルモンによって，持続的な応答を可能にする．そのうち，**副腎皮質刺**

137

7章 ストレス

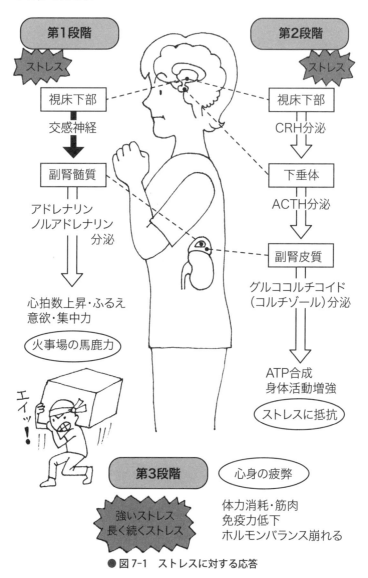

● 図7-1 ストレスに対する応答

心身の感覚とストレス

激ホルモン放出ホルモン（CRH）は**下垂体**に働いて，**副腎皮質刺激ホルモン（ACTH）**の分泌を促し，さらに**副腎皮質**から**グルココルチコイド**（おもに**コルチゾール**）の分泌を増加させる．コルチゾールは，肝臓・脂肪組織・筋肉などに作用して，体内の各組織にブドウ糖，脂肪酸，アミノ酸を供給し，エネルギー源（ATP）の合成を促す．その結果，身体の活動が増強して，ストレスに抵抗しやすくなる．

ところが，こうした"抵抗反応"がうまく働かないと，体内のエネルギー源は枯渇し，各組織は消耗して，第3段階の"**心身の疲弊**"に陥る．ストレスが強大で，しかも長い時間にわたると，私たちの心身はついていけなくなる．体力の消耗とともに，集中力や判断力が鈍ってくる．自律神経に負荷がかかれば，めまいや胃の痛みなどが起こる．身体の免疫力も低下して，風邪を引きやすいなど，体調が悪くなる．これらの多くは，**コルチゾール**などの濃度が高い状態が続くためである．骨格筋は細くなり，免疫系は抑制されて，消化管潰瘍などを生じ，ホルモンのバランスが崩れる．誰にも起こることであるが，どう対処したらよいのだろうか．

ストレスへの応答は，個人差が大きい．このため，他人のコンディションは，まわりの人に案外にわかりにくいものである．お互いが理解できるように，自分の感情や思いを人に率直に伝える，そして，人の話に耳をよく傾ける．こうした日頃のコミュニケーションが大切であろう．しかし多くの場合，セリエ博士が「ストレスは人生のスパイスである」と述べているように，適度のストレスは私たちの生きがいや達成感を与えてくれる．

7章　ストレス

グルココルチコイドの働き

　ストレスへの応答に重要な働きをするホルモンが，**グルココルチコイド**（糖質コルチコイド）である[56]．コレステロールを材料にして副腎で産生される**ステロイドホルモン**で，「グルコ」が"糖"を意味するように，肝臓においてブドウ糖（グルコース）の合成を促して，血糖値を上げる働きをする．ストレスと闘うためには，そのエネルギー源として，血糖を増やすことが必要なのである．身体の中の糖は，グリコーゲンとして肝臓や筋肉に蓄えられている．また，脂肪組織に脂質（脂肪酸）が，また筋肉にタンパク質（アミノ酸）が蓄えられている．必要なときに，これらが放出されて，肝臓でブドウ糖をつくる材料になるのである．つまり，私たちがストレスに応答するためには，このホルモンの量や作用が適切に調節されることが重要である．

　ストレスによって，血液中のグルココルチコイドが増えるしくみを再び見てみよう（図7-1）．私たちのストレス応答に働くのが**視床下部-下垂体-副腎**の経路である．心身に対してストレスを受けると，脳の真ん中にある視床下部から**副腎皮質刺激ホルモン放出ホルモン**（CRH）が分泌される．CRHは脳の下垂体前葉に作用して，そこから**副腎皮質刺激ホルモン**（ACTH）が分泌される．つまり，脳の中で2段階のホルモンが働いている．このACTHが副腎皮質（副腎組織の外側部）から**グルココルチコイド**の合成と分泌を促して，私たちをストレスから守るホルモンとして働く．とりわけ，グルココルチコイドのひとつである**コルチゾール**がほとんどの作用を担う．このため，病院での検査では，副腎の機能を調べるために，血中ACTH値および血中コルチゾール値

が測定されている．グルココルチコイドの分泌量は多すぎても少なすぎても，身体のバランスは不安定になる．このため，「視床下部-下垂体-副腎」の経路では，グルココルチコイドの分泌が過剰にならないように，CRHやACTHの分泌を抑制する**ネガティブ・フィードバック**のしくみが備えられている．

では，グルココルチコイドは，標的となる細胞にどのように働くのだろうか（図7-2）．一般に，ステロイドホルモンは，血液中では血漿タンパク質と結合して，安定に運搬される．しかも，脂質に近い特性をもつため，細胞膜をそのまま通過できる．細胞内に入った**グルココルチコイド（GC）**は，**グルココルチコイド受容体（GR）**に結合して，この働きを活性化する[57]．第3章で述べたように，熱ショックタンパク質は，さまざまなタンパク質の働きを調節するものであった．GCがない状態では，GRは**熱ショックタンパク質90（HSP90）**などのタンパク質と結合して待機している．GCと結合したGRは，HSP90から外れて，細胞核内に移動し，"転写因子"として働く．ステロイドに応答する遺伝子群のプロモーターやエンハンサーには**グルココルチコイド応**

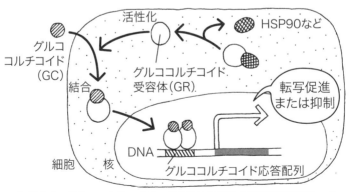

● 図7-2　グルココルチコイド-グルココルチコイド受容体パスウェイ

● 7章　ストレス

答配列がある．2分子の GR がペアになってこの配列に結合して，標的とする遺伝子の発現を促進または抑制する．

●●● グルココルチコイドの多様な作用 ──

通常，**ストレスホルモン**といえば，グルココルチコイド（コルチゾール）のことである[56]．これは，ストレスから私たちを防御するホルモンという意味である．ところが，ストレスを受けたときだけに働くわけではない．血液や尿中の分泌量を測ってみると，規則正しく**日内変動**することが知られている．覚醒の約3時間前から分泌が増えていき，起床時に分泌量はほぼ最大になる．午前中に高く，午後にだんだん減少して，睡眠前には低くなる．こうした変動の中に，私たちがストレスを受けると，コルチゾールの分泌量が数倍に増加することが知られている．

もしもグルココルチコイドがうまく働かないと，どうなるのだろうか．2つの病気が知られている．通常，ホルモンの異常による病気には，過剰および過少がある．グルココルチコイドが血液中に慢性的に増加すると，手足が細い中心性肥満，ムーンフェイス（満月顔貌），高血圧，糖尿病（インスリン抵抗性），骨粗鬆症，高脂血症などを引き起こす．また，感染症にかかりやすく，抑うつ状態などになる．ホルモンの過剰によって，これらの症状が見られる場合，**クッシング病**とよばれる．原因は，下垂体や副腎などに生じた腫瘍によって，コルチゾールが多量に産生されることによる．

逆に，副腎の機能障害によってグルココルチコイドが十分に産生されない場合は，**アジソン病**という．自己免疫や結核などが原因となる．さまざまな全身症状（疲労，食欲不振，体重減少，色

グルココルチコイドの多様な作用

素沈着による黒色の皮膚）とともに，インフルエンザなどの感染症によって生命自体が脅かされるほどである．このため，コルチゾールに相当する薬剤を生涯にわたって服用する必要がある．つまり，グルココルチコイドは，生命維持のために欠かせないものだ．

さらに，グルココルチコイドは，医薬品としても有用である．人工的にその活性を高めるように合成されて，炎症やアレルギーを抑える薬，免疫反応を抑制する薬として使われている．白血球の働きを低下させて，発熱物質（プロスタグランジン E2 など）の産生を抑制する．このため，関節リウマチ，気管支ぜん息，慢性炎症などの治療，腎移植後の免疫抑制に用いられている．こうした製剤を**ステロイド薬**とよぶが，正しく使って，副作用をコントロールできれば，その効果はすばらしいものである．

注目すべきことに，グルココルチコイドは，その作用の時間や強さによって，身体に対する効果が違うという特色がある（図7-3）．ストレスを受けた急性期に短時間に分泌されるグルココルチコイドは，蓄積した脂肪やグリコーゲンを分解し，ブドウ糖，脂肪酸，アミノ酸を増やして，細胞の活動に使うエネルギー（ATP）を合成する．第4章で述べたように，この代謝作用は**異化**である．その一方では，グルココルチコイドが長時間に作用する慢性期では，クッシング病やステロイド薬の治療中に見られるように，**ネガティブ・フィードバック**が働いて，身体に脂肪が蓄積し（中心性肥満），いわゆる**同化**をもたらす．こうした相反するような作用が，ストレス応答の全過程にかかわるのである[57]．

143

●7章 ストレス

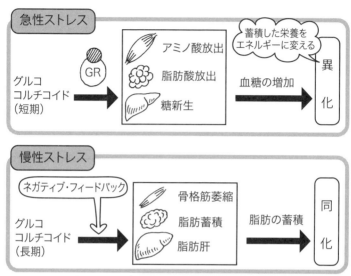

● 図7-3 グルココルチコイドによる代謝調節

●●● グルココルチコイドの作用が記憶される

グルココルチコイドが肝臓に働きかける場合について具体的に説明しよう．ストレスと闘うためには，身体全体にエネルギー源を供給する必要がある．グルココルチコイドは，蓄えられた栄養分からブドウ糖を新たにつくって，血糖値を上げるように働く．つまり，肝臓は，このホルモンの重要な標的器官なのである．

2001年，フランスのサーリー・グランゲ博士らは，マウスの肝臓の細胞を用いて，グルココルチコイドの働きについて報告した[58]．グルココルチコイドで活性化されたGRは，**チロシンアミノ基転移酵素**（TAT）の遺伝子に作用することが知られている（図7-4，上段）．この酵素は，チロシンというアミノ酸を他の種

グルココルチコイドの作用が記憶される

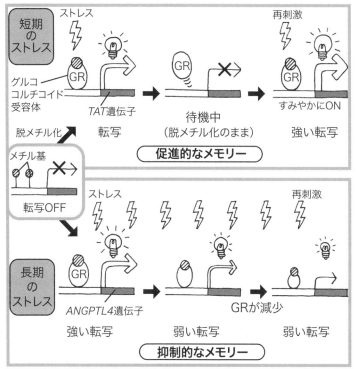

● 図7-4 環境刺激は記憶される

類のアミノ酸に変換して，糖を新たに合成するように働く．もともと，*TAT*遺伝子の発現は，DNAのメチル化によって抑えられていた．ところが，細胞がグルココルチコイドを受けると，約2～3日を経て，そのメチル化が取り除かれて，*TAT*遺伝子は発現するようになった．その後，グルココルチコイドがなくなると，その発現は消失してしまう．グルココルチコイドの刺激によって，エピゲノムが変化したわけである．しかも興味深いことに，グルココルチコイドがなくなっても，メチル化のない状態が維持

されていた．このため，同じ細胞がグルココルチコイドに再度さ
らされると，初回とは違って，すぐに *TAT* 遺伝子が発現できた
のである．

　この実験の結果から，どのようなことが考えられるだろうか．
細胞がグルココルチコイドの作用を受けた場合，GR が標的とす
る *TAT* 遺伝子では，DNA のメチル化が取り除かれた．すなわち，
グルココルチコイドの刺激を受けたという**エピゲノムの記憶**が生
じたわけである．大切な点は，刺激がなくなっても，その記憶が
残されることだ．発現を抑制するメチル化がないために，2 回目
のグルココルチコイドの刺激を受けると，すぐに応答できたので
ある．このように，ストレスの応答は，初回とそれ以降の場合で
は，質的に違ってくるのだ．ある刺激を受けた細胞は，将来にも
同じ刺激が来ると予測して準備している．

　もうひとつ，私たちの研究から紹介しよう．グルココルチコイ
ドが長期に過剰に作用した場合はどうなるのだろうか（**図 7-4**,
下段）．ストレスに対する応答の 3 段階のうちで，③ "心身の疲
弊" のような場合である．いままでに，グルココルチコイドで活
性化された GR が，**アンジオポエチン様因子 4**（ANGPTL4）の
発現を誘導することが知られている[59]．このタンパク質は，中
性脂肪（トリグリセリド）を脂肪酸とグリセロールに加水分解す
る酵素（リポタンパク質リパーゼという）の働きを阻害するな
ど，脂肪代謝を調節している．

　肝臓由来の細胞では，*ANGPTL4* 遺伝子はほとんど働いていな
かった．そこにグルココルチコイドを加えると，1〜3 時間後に
ANGPTL4 遺伝子が高く発現するようになった．このように，
GR で発現が誘導される遺伝子である．そこで，グルココルチコ
イドを常に加えながら細胞を長期に培養してみると，グルココル

チコイドを新たに加えても，その発現はあまり増加しないことが観察された．なぜなら，グルココルチコイドが長期に作用し続けると，細胞内の GR タンパク質が著しく減少していたからだ．つまり，ストレスが長期に続くならば，GR の応答性はむしろ減弱してしまう．その結果，細胞側の記憶のひとつになるのかもしれない．

●●● 親の愛情とエピゲノム

　脳の中で，グルココルチコイド受容体はどのように応答するのだろうか．ストレスに対する「感知→応答→記憶」のしくみが少しわかってきた[60,61]．とりわけ，親子の愛情がどう影響するのかが調べられてきた．一般に，親の愛情を十分に受けた子どもは，ストレスにも耐えやすいといわれている．また，幼いころに形成される性格や人となりは，生涯を通じて維持されやすいという．「三つ子の魂，百まで」のように，年をとっても変わらない部分があるのだ．このような人の発達について，エピジェネティクスの研究者は，**DOHaD 学説**のように，若年期の経験がエピゲノムに影響を与えるのではないかと推測している．つまり，愛情やストレスがエピゲノムを変化させて，それがエピゲノムの記憶として維持されるのではないかと考え始めたのである（**図 7-5**）．

　2004 年，マイケル・ミーニイ博士らは，ラットを用いた興味深い報告をしている．母親の子育て行動が，仔のエピゲノムにどのような影響を与えるかという研究である．出産後しばらくの間，母は仔をなめて毛づくろいをする習性をもっている（グルーミングという）．その一方，あまり毛づくろいをしない母もいる．毛づくろいをよく受けた仔の脳の海馬とよばれる部分では，**グル**

147

7章 ストレス

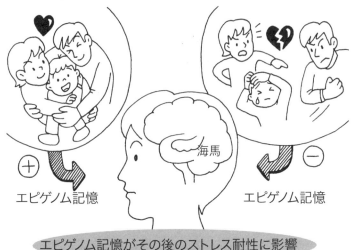

● 図7-5 幼少時の記憶とエピゲノム

ココルチコイド受容体（GR）遺伝子のDNAのメチル化のレベルが低下していた．つまり，母から世話を受けた仔では，そういう世話を受けなかった仔に比べて，GR遺伝子のメチル化が低下して，GR遺伝子の発現が増えたというのである[62,63]．

いろいろな条件下で，行動のパターンも調べられた．餌を探索したり，迷路を進んだりする試験によって，通常見られる行動か，異常な行動かを判定することができる．毛づくろいなどの世話を十分に受けた仔ラットは，成熟した後でも，心配性と判断される行動を示さず，ストレスに耐えることができると述べている．このように，生後間もない出来事が，生涯を通じてのストレス応答に影響するのかもしれない．

さらに，幼少期に世話を十分に受けて育った雌ラットは，その後に，世話をよくする母になりやすい．他方，あまり世話を受け

ずに育った雌は，世話をしない母になる傾向があったという．サルでもほぼ同様の報告がなされている．こうして，親としての世話レベルは世代を超えて伝わっていくという．子どものときに受けた愛情が，脳の神経細胞のエピゲノムに記憶されて，神経細胞のネットワークの形成やその後の行動に影響を与えている可能性が考えられた．ヒトでは研究自体が難しいが，不幸にも事故や虐待などのため死に至った子どもから提供された脳組織を用いて，ゲノムの全遺伝子のDNAメチル化などについて検討されている．

●●● ストレスとDNAのメチル化

第1章において，エピゲノムの修飾として，DNAのメチル化が重要な役割を果たすことを述べた．細胞が分裂し続ける組織では，新しく生まれた娘細胞のゲノムにメチル化を入れる必要があるので，**DNAメチル化酵素**は高く発現している．ところが，ほとんど増殖しない神経細胞で，DNAメチル化酵素が高発現している理由はよくわかっていない．脳でDNAのメチル化がどう働いているのか．外部からの刺激によって脳の神経細胞でGR遺伝子のメチル化が変化することを考えると，エピゲノムは活発に変動していると予想することができる．つまり，DNAのメチル化がつけられたり，外されたりすることが，脳の神経細胞と環境因子の相互作用にかかわる可能性が考えられるのだ．

実際に，精神的なストレスがエピゲノムに影響することが明らかになってきた（**図7-6**）[64]．マウスを用いた実験によって，その幼少期に母親から早期分離するストレスが，子どものエピゲノムに影響することがわかった．この刺激によって，メチル化されたDNAを認識する**メチル化DNA結合タンパク質**の**MeCP2**がリ

●7章 ストレス

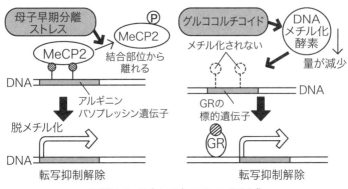

●図7-6 ストレスとDNAのメチル化

ン酸化されて，その結合部位から離れてしまった．その後，結合部位のメチル化が除去されて，**アルギニンバソプレッシン遺伝子**などの転写抑制が解除されたのである．バソプレッシンは，9個のアミノ酸からなる小さなペプチドであり，腎臓での水分の再吸収を促進して，尿を濃縮して血圧を上昇させることから，**抗利尿ホルモン**とよばれている．このため，ストレス応答にもかかわっている．また，ストレスによって，エピゲノムの修飾酵素の活性や量が増減することもわかってきた．グルココルチコイドが働くと，脳の神経細胞の **DNAメチル化酵素**の量が減少し，その結果，**グルココルチコイド受容体**の標的遺伝子のメチル化が低下して，その転写抑制が解除されていた．このように，いまはまだ断片的な研究が多いが，ストレスに対する「**感知→応答→記憶**」において，エピゲノムの変化が起こり，長期に記憶されていくと予測されている．

ストレスと DNA のメチル化

まとめ

　本章では，心身のストレスに対する「感知→応答→記憶」について述べてきた．ストレスを脳が感知して，副腎から「グルココルチコイド」が分泌されて，標的細胞で「グルココルチコイド受容体」が特定の遺伝子を活性化することで応答する．つまり，**グルココルチコイド－グルココルチコイド受容体（GR）パスウェイ**である．適度なストレスがあれば，GR が作用する遺伝子群にエピゲノムの変化が起こるなど，エピゲノムの記憶がその後のストレス応答を高めると考えられる．

8

時　間
──加齢と老化──

●●● 生命のプログラム

　ヒトの一生について再考してみよう．誰でも，もとをたどれば，受精卵というたったひとつの細胞であった．母由来の卵と父由来の精子が融合して，ひとつの受精卵となる．細胞が増殖・分化し，数多くの組織や器官を形成して，ひとり分の身体がつくられる．生まれた後は，ほとんど同じ時期に座って，立って，歩いて，話すようになる．心身ともに成長・発育していき，家庭や学校などで，知識，考え方，人間関係を身につける．成人になれば，社会の中で成熟していく．個人差はあってもだいたい同じような道程をたどる．その一方で，人生の終わりについては，どうであろうか．やはり，おおむねに同じである．年をとりながら老化していく．いわゆる平均寿命が示すように，多くの人がその生涯を終える年数がある．その終わり方も，病気を患うとするならば，がん，心臓病，肺炎，脳血管疾患などが上位を占めている．つまり，人生の中身はそれぞれ違っていても，ヒトとしての生涯の枠組みは，基本的に同じである．途中で特別なことが起こらな

●8章 時間

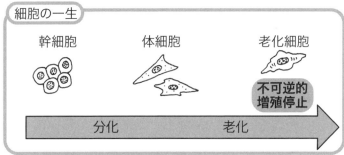

● 図8-1 生命のプログラム

い限り，**出生**，**成長**，**成熟**，**老化**というのが，その人の生涯になる．このように"生まれつき決まった部分"がある（図8-1）．

ひとりひとりが，生まれてから生涯を閉じるまでのラフな予定をもっている．これを**生命のプログラム**（プログラム・オブ・ライフ）とよぶことにしよう．細胞の集合体としての私たちを運命づけるものである．生命あるものは，一生の間に基本的なイベントがいつ頃起こるのか，大まかに決まっている．このプログラム

というものは，自分の過去であり，現在であり，これからの未来のようでもある．

　では，"環境によって変わる部分"とは何であろうか．私たちの「生命のプログラム」は，生まれつきすべて決まっているわけではない．ここまで述べてきたように，食事，運動，ストレスなどの生活習慣，さまざまな環境因子によって，この内なるプログラムは徐々に書き換えられることがわかってきた．その際に，プログラムが誤って書き換えられると，メタボリック症候群や糖尿病のような生活習慣病，がん，脳の病気の発症につながるという考え方が有力になっている[8,33,43]．プログラムがどのように働くかで，私たちのあり方が決まっているので，年とともに個人差は大きくなる．このプログラムが「**エピゲノム ＝ 遺伝子の働き方**」であると考えられる．つまり，生まれつきの遺伝と外から働く環境が互いに影響しながら，加齢という時間軸が進んでいく．

●●● 加齢と老化の関係

　出生，成長，成熟，老化という4つの過程は，1年を通しての四季（春，夏，秋，冬）によく似た感じである．身のまわりの植物の多くには，その年のほぼ同じ時期に，芽を出し，枝葉を伸ばし，花を咲かせて，種をまいて枯れるという一定のライフサイクルがある．老化と同じではなくても，やはり，**生命のプログラム**によって調節されている．まずは，「加齢」と「老化」の意味を整理しよう[53]．

　加齢とは，ヒトが生まれてから死ぬまでの時間の経過のことである．足し算のように，生後に経った時間を積み重ねていく．誕生日からカウントした暦年齢である．このため，加齢は，誰もが

155

同じ時間のスピードで進行していく．当然のことながら，同じ年月日に誕生した人が途中から年齢が違ってくることはない．

一方，**老化**とは，おもに成長期（20歳ごろまで）の後に起こり，加齢に伴う身体の生理機能の低下のことである．老化は，すべての人に生じるが，身体の機能低下のスピードはすべての人で同じではない．なぜなら"生まれつき決まっている部分"よりも"環境によって変わる部分"が年齢とともに大きくなるからである．すなわち，加齢という時間軸の中で，遺伝と環境が互いに働き合いながら，老化は起こる．

日本人の平均寿命が長くなり，人生80年を超える時代となった．こうした高齢化社会を迎えて，現代人が老化にどう向き合うかは，社会としても個々人としても欠かせないテーマになっている．基本的な考え方は，老化は生命体としての自然な経過であり，それ自体は身体の異常や病気ではないと認識することであろう．また，「フレイル」（脆弱さ）という言葉が使われるようになった．健康な状態と病気の状態との中間にあって，改善のほうにも悪化のほうにも進みうる可逆的な状態のことである．この状態にどう対応するのかが大切なポイントになる．さらには，生命科学の研究が進んで，生理的な老化と病的な老化は区別されるようになってきた．

●●● 平均寿命と健康寿命

厚生労働省は，「平成29年 我が国の人口動態」（平成27（2015）年までの動向）を発表している．この人口動態調査は，「戸籍法」制定の翌年の明治32年から始まって，わが国の社会や経済を考える上で欠かせない情報になっている．この調査をもとに，少子

化・高齢化など，国の将来にかかわる大きな問題が提起されてきた．それによると，日本人の平均寿命は，女性 87.05 年，男性 80.79 年で，ともに過去最高を更新した．各国と比較すると，女性は世界 2 位，男性は 4 位という，世界有数の長寿国である．これは，がん，心臓病，肺炎，脳卒中などによる死亡率が低下したことがおもな要因と分析されている．医療技術の進歩や健康志向の高まりによって，今後も平均寿命は延びる余地があるとした．日本人の平均寿命は，戦後の 1947 年で女性が 53.96 年，男性が 50.06 年．その後，女性は 1984 年に 80 年を超えて，男性も 2013 年に 80 年を超えるなど，これまでほぼ一貫して延びてきた．

平均寿命（生命寿命）とは，現在の死亡状況や社会情勢が今後も変化しないと仮定して，その年に生まれた人が何歳まで生きられるかという期待値を計算したものだ（**図 8-2**）．各年齢の人が平均して今後何年生きられるかという**平均余命**の見込み値を算出して，その発表年の「0 歳の平均余命」が"平均寿命"になる．

つまり，「2015 年に生まれた女性は，死亡状況や社会情勢など

● 図 8-2　平均寿命と健康寿命

が大きく変化しない限り，平均 87.05 歳まで生きる」ことを意味する．ここで注意したい点は，2015 年に死亡した女性の平均年齢ではない，また，平均寿命から自分の年齢を引き算して，余命がわかるということではない．

さらに区別したいのが，**健康寿命**である（図 8-2）．平均寿命は死亡までの期間を表す一方，健康寿命はその寿命の中で「病気を患わない健康な期間」を意味している．つまり，平均寿命から病気の治療や介護の期間を引いた数字が健康寿命になると考えてよい．厚生労働省は，平均寿命と合わせて，健康上の問題で日常生活が制限されない期間として「健康寿命」を算出している（「健康日本 21（第二次）」による）．2013 年は，女性が 74.21 年，男性が 71.19 年であった．平均寿命の通りに生涯を過ごすと仮定すれば，終わりの 10 年くらいは「健康ではない期間」になる可能性があるのだ．そこで，政府は健康・医療戦略推進法（平成 26 年）に基づいて，介護なしで暮らせる「健康寿命」を延ばすため，健康診断の受診率の増加，メタボ人口の減少など，健康長寿社会を実現するという目標を掲げたわけである．

一般に，各国の双子研究のデータから，ヒトの寿命には，**遺伝**【～30%】と**環境**【～70%】がかかわると見積もられている．モデル生物を用いた実験によって，栄養やストレスなどの環境因子が，平均寿命と健康寿命の両方に影響を与えるとされている．長い目で見れば，私たちを取り巻く環境を知ることが最も大切になるのだ．また，いかなる生物種にも，それぞれの生存期間としての寿命があるので，老化の過程もまた種で保存されていると考えられる．

たとえば，ガラパゴスゾウガメの寿命は 200 年近くある．大部分のネズミの寿命は 2 年くらいである．大型動物のトラやキリン

個体レベルの老化

の寿命は 20 年程度であるが，ヒトの寿命は 70〜80 年と例外的に長くなった．日本人の寿命は縄文時代に 30 年，江戸時代に 50 年くらいであったといわれることから，現在の長寿には生活環境の向上や医療の整備などが大きく影響していると考えることができる．このように，寿命には遺伝的，文化的，社会的な要因が重なって作用するので，複合的な観点からとらえられるものである．

●●● 個体レベルの老化

　個体の老化とは，加齢に伴い生理機能が低下することをいう[65]．本人またはまわりの人がわかるほどに，運動や知的な能力などが衰えていく．老化による身体変化としては，皮膚のしわやたるみ，毛髪の白色化や脱毛，歯の脱落，視力や聴力の低下，運動を含めた活動量の減少などが生じる．時間の経過に従って，細胞，組織，器官，個体のすべてのレベルで生理機能が低下する．

　ひとつ例を挙げれば，老化によって身体の筋肉量の減少と筋力の低下が起こる．運動機能に大きく影響するのは，筋肉量の減少よりも筋力の低下のほうであるといわれている．身体の筋力は，老化が始まると「1 年で約 1%低下する」とされている．40 歳から始まるとすれば，50 歳では約 10%の低下が起こると概算できる．しかも，70 歳台になると，この低下率が 2〜4 倍に増えるという．こうした筋肉の生理的な機能低下を避けることは難しい．さらに近年の高齢化社会では，日常生活に支障が出るケースがかなり多くなった．このため，**サルコペニア**という用語がつくられた（**図 8-3**）．全身の筋肉量と筋力が進行性に減少するという病的な状態である．歩行困難や握力低下などの運動障害が起こることから，**生活の質（QOL）**が悪化して，ときには死亡のリスクを伴

159

●8章 時間

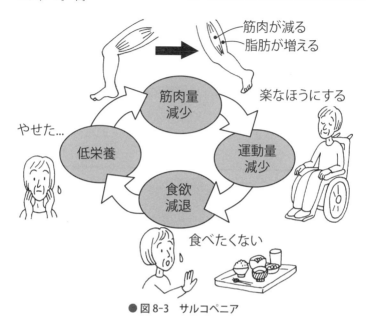

● 図 8-3　サルコペニア

うものである．「フレイル」という観点からも，このような高齢者を早期に発見して，運動機能の回復と進行防止を促す介入を行うことが必要であると考えられている．

　加齢による生理的な老化は，数多くの病気を発症する"リスクファクター"になる．認知症などの神経変性，心臓病，動脈硬化，高血圧，肥満，糖尿病，腎不全，骨粗鬆症，白内障，がんなど，枚挙に暇がない．いずれも，身体を構成する組織や器官が老化に伴う機能不全に陥ったものだ．加齢によって誰にでも起こる，身近な病気である．この中でも，加齢は認知症の最大のリスクファクターということができる．脳の変性によって精神機能が低下し，覚えていない（記憶障害），言語を使えない（失語），運動能力はあるが行動しない（失行），対象を認識しない（失認），

計画を実行しない（遂行障害）などの症状が現れる．内閣府の「平成28年度高齢社会白書」に，65歳以上の高齢者の認知症患者数と有病率の将来推計について述べられている．平成24(2012)年は認知症患者数が462万人で，65歳以上の高齢者の7人に1人（有病率15.0％）であったが，平成37（2025）年には約700万人，つまり5人に1人になると推定されている．

●●● 早老症

　生理的な老化は，年齢とともに徐々に進行するものである．ところが，急速に進行する病的な老化がある．いわゆる**早老症**（プロジェリア）である[66]．ここでは「ハッチンソン・ギルフォード症候群」，日本人での報告が多い「ウェルナー症候群」について述べていこう．なぜなら，このまれな病気を契機として，老化のメカニズムが科学的に解明されてきたからである．

　ハッチンソン・ギルフォード症候群（HGPS）は，世界中で約400万人にひとりが発症するという，先天性の病気である．おもな特徴として，新生児期から幼児期に症状が現れて，全身の老化が急速に進行する．身長や体重は低く，顔は細長で，頭髪・眉毛・まつ毛がなく，細いカギ鼻，小さいあご，皮膚の老化（しわや萎縮），白髪と脱毛，骨格や歯の形成不良が見られる．他方，脳や神経機能は正常に発達するため，認知症などの症状は生じない．このため，身体の老化と正常な精神発達とのギャップが大きく感じられる．

　しだいに，外観の老化だけでなく，体内の老化が進んでいく．高コレステロール血症，動脈硬化，糖尿病，骨粗鬆症，老人性の白内障と網膜萎縮，股関節脱臼，関節のこわばりなど，高齢者

に見られる症状が目立つようになる．とりわけ，動脈硬化による血管の障害をベースとして，心筋梗塞や心不全，脳血管障害（脳卒中）などを生じやすく，致命的なこともある．平均寿命は13歳程度と著しく短く，HGPS患者の1年間の老化は，健常人の10年分以上に相当するという．

HGPS患者の遺伝子解析によって，個体レベルで老化にかかわる経路，そこで働く分子が発見された．それは，患者のひとりであったサム・バーンズ君の人生と深くかかわっている．彼の両親は米国ボストンの小児科医であった．出生時には健康そうに見えたが，1歳までに正常な成長から外れて，そして2歳前に早老症（プロジェリア）と診断された．プロジェリアは「早すぎる老化」という意味である．このため，両親は子どもの病気の解明に尽力することになった．米国の国立衛生研究所（通称，NIH）をはじめとする研究者の協力を受けて，2003年，**ラミンA**遺伝子の異常が病気の原因であることがわかった．ラミンAは，細胞核膜を裏打ちするタンパク質として，核膜を内側でメッシュ状に支える働きをしている．この異常は，核膜を安定に維持することができず，多くの組織で細胞の障害を起こす．核膜タンパク質が老化の進行を防御していることは予想外であったため，この発見のインパクトは大きかった．その後，HGPSを引き起こすタンパク質をまとめて，**プロジェリン**と名づけられた．この生理機能と病態を解き明かすことは，正常な老化を理解することにもつながっていく．また，いまではHGPS患者の早期診断が可能になった．老化過程を遅らせる薬剤や有効な治療法の開発が望まれているところだ．

ウェルナー症候群（WS）は，1904年，ドイツのオットー・ウェルナー医師が初めて報告した常染色体劣性の遺伝病である．そ

の特徴としては，思春期以降，おおむね20歳過ぎから老化症状が出現し，約2倍のスピードで進行する．WS患者は，思春期の以前には健常人とほとんど違いがないことから，幼児期から始まる早老症であるHGPSと対照して，**成人型早老症**といわれている．平均寿命は40〜50歳であり，女性患者では妊娠・出産が可能な場合もある．

その原因として，**DNA/RNAヘリカーゼ**の遺伝子に変異があることがわかった．ヘリカーゼとは，細胞内のDNAの立体的なねじれを回復する酵素のことであり，ゲノムの安定性を維持するために欠かせない．この異常では，ゲノムを安定に維持することができず，多くの組織で細胞の障害を起こす．ヘリカーゼの異常が早老症の病因になるという事実もまた，大きなインパクトになった．日本におけるWSの発症頻度は，約100万人に1〜3名程度といわれて，おもに近親婚の多い地域で報告されてきた．現在のところ，世界中で約1200例の患者が報告されている．

WSに見られるおもな症状は，10歳〜40歳ごろに出現して，白髪と脱毛，両眼の白内障，皮膚の萎縮と硬化，難治性の痛みを伴う皮膚潰瘍，アキレス腱などの軟部組織の石灰化，動脈硬化，糖尿病，がんなどが見られる．鳥様の顔貌，かん高くしわがれた声などの特徴もある．国内では「ウェルナー症候群患者・家族の会」が活動を行っている．

●●● 老化細胞とは何か

1961年，米国のレオナルド・ヘイフリックとポール・ムーアヘッドの両博士は，正常な線維芽細胞を培養していると増殖停止になることから，増殖能力に限りがあることを報告した．これを

●8章 時 間

細胞老化（セネッセンス）として，老化の根本になる事象であると考えた[67]．このように増殖を不可逆的に停止する**老化細胞**は，不死化を獲得して増殖を続ける**がん細胞**とは対照的な性質をもっている．

さらに，老化細胞は，単に増殖しない状態とは違うことがわかった．たとえば，増殖を停止しても刺激を受けると再び増殖できる状態は**細胞休止**（クァイエセンス）とよぶ．また，**細胞の終末分化**では，増殖能を失うことで特別の形態や機能をもつ．たとえば，神経細胞が神経突起を複雑に伸ばしたり，いくつかの筋細胞が融合して多核の筋管を形成するのは，増殖の停止でも，細胞老化とは区別されるものである．

私たちの身体の中で細胞老化は起こっているのだろうか．加齢とともに，体内の組織や臓器に老化細胞が蓄積してくると考えられている．最近の研究から，注目すべき点を紹介しよう．一般に「がん」において，良性腫瘍では細胞がさかんに増殖して腫瘤をつくっても，体内の他の部位に浸潤や転移はしない．他方，悪性化すると，他への浸潤・転移能を獲得している．2005 年，マヌエル・セラノ博士らは，**良性腫瘍**の中に老化細胞が集積していることを発見したのである[68]．老化細胞を特徴づける，増殖を抑制するタンパク質（この後に述べる「p16」）が高く発現していた．観察した肺組織において，良性の腺腫（アデノーマ）で見出されたが，悪性の腺がん（アデノカルチノーマ）には検出されなかった．このため，細胞老化とは，良性腫瘍が悪性化することを抑制するしくみであろうと考えられた．

さらに，2013 年，2 つの研究グループが，マウスの胎仔組織を用いて，「p16」とその他のマーカー（後述するように，判別の指標になるタンパク質など）を組み合わせて老化細胞の存在を調

164

べた．その結果，発生の過程で，数多くの組織において細胞老化が起こっていることがわかった．これによって，**プログラムされた細胞老化**という概念が提唱されたのだ[69, 70]．それまで**プログラムされた細胞死**（アポトーシス）は知られていたが，発生過程で生理的な細胞老化がある事実はわかっていなかった．そうすると，この生物学的な意義は何であろうか．「細胞死」では，細胞が消失することで，手の指のような組織の形態がつくられる．他方，「細胞老化」では，増殖を停止しても細胞はそこに生存しており，組織の維持と再構築（リモデリング）に働くと考えられるようになって，新たな研究が現在進行中である[71]．

●●● 細胞老化のメカニズム

　細胞老化を誘導する要因は，何であろうか（**図 8-4**，**図 8-5**）．大きく3つを挙げることができる[67]．第1に，細胞が増殖を繰り返すと，ゲノム DNA の損傷が起こったり，染色体の末端部にある「テロメア」という繰り返し配列の短縮が起こったりする．細胞が複製する結果として誘導される老化を**複製による細胞老化**という．おおむね，「加齢」による細胞老化を反映するものだ．第2に，正常な細胞でがん遺伝子が強く活性化すると，がん化を阻止するために増殖停止が起こる．上述した「良性腫瘍」がその例である．身体が備えたがん抑制機構として生じる老化を**がん遺伝子誘導性の細胞老化**という．第3に，放射線・紫外線や薬剤などによる DNA の損傷，活性酸素種（ROS）による酸化ストレス（第2章で述べた）によっても，増殖停止に至る．これはストレス応答のひとつと考えられて，**ストレス誘導性の細胞老化**とよぶ．いずれの場合も，細胞老化の基本は，細胞が正常な状態から

逸脱したときに，その増殖を不可逆的に停止することにある．皮膚などの線維芽細胞を培養すると，若い時期と老化した時期の形態を区別することができる（図8-4）．

では，生じた老化細胞はどういう特徴をもっているのだろうか．正常な細胞とは明らかに異なる点をもっている（図8-5）．①**p16の高い発現**によって，細胞増殖が阻害される．p16は増殖を停止するために働くタンパク質として，老化細胞に共通した特徴である．②**テロメアの短縮**という染色体の末端部の変化がある．テロメアの繰り返し配列は，末端部まで全部が複製されないため，染色体が複製されるたびに短縮していく．これは「複製による細胞老化」の特徴である．③**セネッセンス関連ヘテロクロマチン形成**とよばれる構造体が細胞核内に生じる．これは，ゲノム上

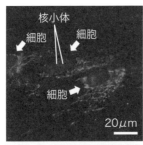

若い細胞
- 細胞が分裂する
- 核内に複数の核小体がある
- ミトコンドリアを適度にもつ

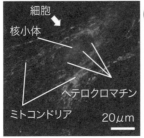

老化細胞
- これ以上分裂しない
- 細胞全体が大きい
- 大きな核小体がある
- ミトコンドリアが多い
- 斑点状のDNAの塊がある（セネッセンス関連ヘテロクロマチン）

● 図8-4　老化細胞の形態の特徴

細胞老化のメカニズム

細胞老化とは　細胞増殖の不可逆的な停止

細胞老化の要因

- 複製
- がん化
- ストレス

老化した細胞の特徴

①p16（増殖停止タンパク質）高発現
②テロメアの短縮
③セネッセンス関連ヘテロクロマチン形成
④セネッセンス関連β-ガラクトシダーゼ強陽性
⑤セネッセンス関連分泌表現型
⑥細胞内代謝の高活性

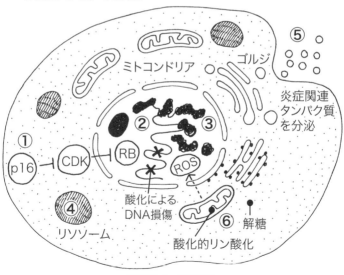

● 図8-5　細胞老化

の特定の DNA 部分がタンパク質と一緒に多数の塊を形成し，そこに巻き込まれる遺伝子群の働きが抑制されるしくみである．とくに「がん遺伝子誘導性の細胞老化」では顕著に見ることができる．④**セネッセンス関連 β-ガラクトシダーゼ**が強く陽性になる．本来は，リソソームの中にある酵素で，タンパク質や脂質につけられたガラクトースを遊離させる活性をもつ．至適な pH は酸性側にあるが，老化に伴って中性付近でもその活性が増加するために検出される．⑤**セネッセンス関連分泌表現型**とよばれるように，炎症反応に働くタンパク質（インターロイキンなど）を多量に合成して分泌する．老化細胞では，タンパク質の合成と分解がさかんなため，老化細胞が蓄積すると，体内で慢性炎症が起こりやすくなると考えられる．

　通常，こうした特徴がそろえば，老化細胞であるとしている．ところが，科学的に定義する上で困ったことに，これらは老化細胞だけに認められるマーカーではない．このため，老化細胞に特異的なバイオマーカーの探索が続けられている．さらには，老化細胞が高い活動性をもっていることに合致して，⑥**細胞内代謝の活性が高い**ということだ[72]．第2章と第4章で述べたように，細胞は**解糖**および**酸化的リン酸化**によって，エネルギー分子 ATP を合成している（**図2-8**）．正常な細胞では，酸素を用いる酸化的リン酸化を行う．また，がん細胞や分裂中の細胞は，酸素の有無を問わず，おもに解糖を使っている．つまり，「解糖」または「酸化的リン酸化」のいずれか一方を使い分けている．ところが，最近の研究から，老化細胞に特有の代謝がわかってきた．少なくとも，解糖と酸化的リン酸化の両方を活性化している状態があることだ．つまり，増殖は停止しているが，予想以上に，老化細胞の中ではアクティブな代謝反応が行われている．

細胞老化のエピゲノム

●●● 細胞老化のエピゲノム

　本章の最後に，環境因子に対する「感知→応答→記憶」の法則から考えよう．すでに取り上げてきたように，老化を促す要因にはさまざまなものがある．細胞分裂の回数が多くなると，ゲノムを複製する際にDNAの損傷が生じる確率が増えてくる．放射線や紫外線，たばこに含まれるベンツピレンなどの発がん物質，抗がん剤などの薬剤は，DNAに直接に結合したり，DNAの損傷を引き起こしたりする．その際，がん遺伝子に変異が入って活性化すると，細胞が急速に増殖して腫瘍を形成し，DNAの損傷がさらに増える．細胞がさまざまなストレスを受けると，ミトコンドリアで活性酸素種が生じやすく，これもまたDNA損傷の引き金になる．このように，細胞老化を誘導するには，**ゲノムDNAの損傷**が共通した原因になっていると理解することができる．

　では，DNAの損傷をどう感知，応答，記憶するのだろうか．「ATM−p53−p21パスウェイ」と「p16−CDK−RBパスウェイ」という，2つの経路がある[72]．第5章で述べたように，**ATM−p53−p21パスウェイ**は，DNA損傷が生じると，DNAの断端に結合するタンパク質がそれを感知して，ATMリン酸化酵素が活性化される．ATMは転写因子p53をリン酸化して活性化し，p21遺伝子の転写が起こる．p21は細胞増殖を促進する酵素（サイクリン依存性キナーゼ）を阻害することで，細胞は増殖を停止する．いわば，DNA損傷に対する即座の応答を担っている．DNAの損傷を修復して生存するか，あるいは，損傷がひどい場合には**細胞死**（アポトーシス）を選択する．

　細胞老化で最も重要と考えられる経路が**p16−CDK−RBパス**

8章 時間

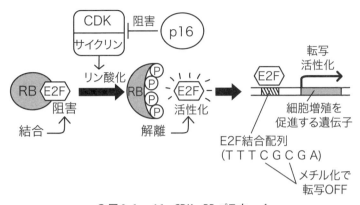

● 図8-6　p16−CDK−RBパスウェイ

ウェイである（図8-6）. RBというタンパク質は，歴史的に初めて発見された**がん抑制遺伝子**の産物として知られている．「p53」と「RB」は，私たちの身体の中で細胞のがん化を防御する双璧である．1986年，ロバート・ワインバーグ博士らによって，RBが遺伝性の**網膜芽細胞腫**の原因遺伝子であることが報告された[44]. その後，骨肉腫，肺がん，乳がんなどの多くの悪性腫瘍でRBが不活性化されていることがわかり，このパスウェイは，がん全体の約80％で変異しているという．さらに，このパスウェイが働かないと，細胞は老化できないことから，細胞の老化に欠かせない経路なのである．

　細胞が増殖シグナルを感知すると，さかんに分裂して増殖する．これとともに，*p16*遺伝子の転写がゆっくりと増加してくるため，その後に増殖は止まる．**p16**タンパク質は，細胞増殖を促進するサイクリン依存性キナーゼ（リン酸化酵素）に結合して，その働きを阻害するからだ．もともと，このサイクリン依存性キナーゼはRBタンパク質をリン酸化して，その機能を抑制するこ

細胞老化のエピゲノム

とがわかっている．このため，増殖シグナルが入ると，「p16」が
サイクリン依存性キナーゼを阻害する結果，RB は活性化される
ことになる．活性化された RB は，細胞増殖を促進する転写因子
E2F に結合して，これを阻害する．その結果，E2F によって転写
される細胞増殖を促進する遺伝子群の働きがまとめて抑制される
ことになる．このため，増殖に進んだ細胞は，その後に停止する
わけである．やや複雑なのでフローチャートにすると，「p16┤
CDK┤RB┤E2F」（┤は抑制を示す）である．

　E2F の標的遺伝子は，E2F 結合配列（TTTCGCGA）をもって
いる．これにはメチル化を受ける「CG」が 2 つあるので，メチ
ル化されると E2F は結合できない．つまり，メチル化がなけれ
ば遺伝子は ON になり，メチル化を受ければ OFF になるという，
エピゲノムの記憶がつくられる．

　興味深いことに，細胞が RB の機能を失うと，老化できないこ
とが実験的に証明されている[67]．また，p53 が細胞老化を促進
する働きも，RB のパスウェイに集約されると考えられる．細胞
がどのようにして老化するのか，この基本的なメカニズムはいま
なお解明の途中であるが，細胞老化では，エピゲノムの大きな変
動を生じることがわかってきた[73]．やや専門的になるが，遺伝
子群の働きが不活性に保たれている領域（ヘテロクロマチンとい
う）では，DNA のメチル化などの転写抑制のマークが量的に減
少し，本来は抑えられるべき反復配列（レトロトランスポゾンな
ど）が働くようになる．他方，遺伝子群の働きが活性な領域（ユ
ークロマチンという）では，転写の促進や抑制の多くのマークの
分布が大きく変化する．その結果，増殖阻害に働く遺伝子群や炎
症性タンパク質をつくる遺伝子群が高く発現するようになる．言
い換えれば，細胞老化は，その誘因は違っていても，老化の過程

に共通したエピゲノムの変化があるということだ．これを「老化のプログラム」ととらえれば，エピゲノムの記憶が働いていると考えてよい．

わが国のような高齢化社会では，**アンチエイジング**という言葉が注目されている．老化を防ぐという**抗老化**であるが，加齢とともに生じる身体の生理機能の低下をできる限り抑えることが重要になってきた．老化を止めたり，逆に若返ったりすることはできなくても，最近の報告では，蓄積する老化細胞を取り除くことで，その機能低下を遅らせることが可能であると報告されている[53, 74]．そう考えると，生活習慣や生活環境を改善することによって，エピゲノムの記憶をより良く保ち，細胞の新陳代謝を促していくのが健康寿命を延長する秘訣のように思われる．

まとめ

　本章では，加齢・老化における「感知→応答→記憶」について述べてきた．DNAに損傷が生じると**ATM－p53－p21パスウェイ**が働いて，即座の増殖停止が起こる．この経路は，**p16－CDK－RBパスウェイ**に連結して，細胞の老化が誘導されるようになる．老化とは，環境因子と相互作用して形成されるエピゲノム記憶の集大成と考えてよい．

●●● あとがき

　環境に対する「感知→応答→記憶」のパスウェイは，私たちの生命活動そのものである．刺激を感知して応答する．そして受けた刺激を記憶する．環境と生命は基本的に連続しているといえる．「五感」と「脳」によるマクロの感覚（身体レベル）がある．これと同じように，身体を構成するすべての細胞が「受容体」（センサー）と「エピゲノム」によるミクロの感覚（細胞レベル）をもっている．

　21世紀に進展するであろう分野として，**人工知能（AI）**が注目されている．大容量の情報を保存し，多種多様の情報を統合して処理することができる．コンピュータにインプットが入ると，しかるべき演算を行い，アウトプットを出す．しかも，情報を分析する過程で，自ら学習して処理能力を向上させていく．また，**ディープ・ラーニング**という言葉も聞くようになった．たとえば，1000万個の複雑なデータがあると，コンピュータが多階層の演算を繰り返す．脳が繰り返し思考するように，情報を深く分析する技術である．インプットからアウトプットを出し，それをインプットとして次のアウトプットを出す．

　似ているようでも，知能と知性は違っている．これについて，田坂広志氏（多摩大学大学院教授）は，次のように説明している．**知能**とは，「答えのある問い」に対して，早く正しい答えを見出す能力．**知性**とは，「答えのない問い」に対して，その問いを，問い続ける能力．この2つは，まったく逆の意味の言葉であるという．また，「知性」の本質は，知識ではなく，経験からしかつかめない「智恵」にあるとする．

● あとがき

　同じような関係に，感覚と感性という言葉がある．これらはど
う違うのか．**感覚**は「脳で感じること」．他方，**感性**は「心で感
じること」．江戸時代の『浮世草子』にも「心に深く感じること」
と書かれている．ものごとに対する感じ方が違うようだ．

　現代人は，「五感」で触れ合う機会が減ってきた．テレビ，コ
ンピュータ，スマホなど，科学技術が生活環境を大きく変えてき
たからである．しかし，そこに実体は存在しない．知識としては
便利であっても，本当の経験にはならない．多くの情報を間接的
に収集して伝達できる結果，コミュニケーションの質，人間の質
が変わってきたのだろうか．何か物足りないと思うならば，知性
や感性が本当の経験を求めているのかもしれない．心の底に響く
ことで，本当の記憶になる．その結果，環境に適合しやすくもな
り，環境が変われば逆に不適合にもなる．すなわち，**環境の記憶**
とは，マクロでもミクロでもかなり高次の生命活動であるといえ
る．

　本書をまとめるうえで，丸善出版株式会社企画・編集部の米田
裕美氏に有意義な議論とアドバイスをいただきました．安富佐織
氏には本書の理解を高めるすばらしいイラストを描いていただき
ました．心から感謝の意を表します．また，熊本大学大学院先導
機構（リーディングプログラム）の梅田香穂子氏および発生医学
研究所の細胞医学分野の各位から貴重な意見を受けましたことに
深謝いたします．

中尾　光善

参考文献

第 1 章

[1] Bird AP & Wolffe AP. Methylation-induced repression-belts, braces, and chromatin. *Cell* **99**: 451–454, 1999.

[2] Jenuwein T & Allis CD. Translating the histone code. *Science* **293**: 1074–1080, 2001.

[3] Bird A. DNA methylation patterns and epigenetic memory. *Genes & Development* **16**: 6–21, 2002.

[4] Greer EL & Shi Y. Histone methylation: a dynamic mark in health, disease and inheritance. *Nature Reviews Genetics* **13**: 343–357, 2012.

[5] Kooistra SM & Helin K. Molecular mechanisms and potential functions of histone demethylases. *Nature Reviews Molecular Cell Biology* **13**: 297–311, 2012.

[6] Schultz MD et al. Human body epigenome maps reveal noncanonical DNA methylation variation. *Nature* **523**: 212–216, 2015.

[7] Deaton AM & Bird A. CpG islands and the regulation of transcription. *Genes & Development* **25**: 1010–1022, 2011.

[8] Feil R & Fraga M. Epigenetics and the environment: emerging patterns and implications. *Nature Reviews Genetics* **13**: 97–109, 2011.

第 2 章

[9] Prabhakar N & Semenza G. Oxygen sensing and homeostasis. *Physiology* **30**: 340–348, 2015.

[10] Wojchowski D. Eugene Goldwasser (1922–2010) Discoverer of the hormone that regulates the production of red blood cells. *Nature* **470**: 40, 2011.

[11] Miyake T, Kung CK & Goldwasser E. Purification of human erythropoietin. *Journal of Biological Chemistry* **252**: 5558–5564, 1977.

[12] Jacobs K et al. Isolation and characterization of genomic and cDNA clones of human erythropoietin. *Nature* **313**: 806-810, 1985.

[13] Wang GL et al. Hypoxia-inducible factor 1 is a basic-helix-loop-helix-PAS heterodimer regulated by cellular O_2 tension. *Proceedings of the National Academy of Sciences USA* **92**: 5510-5514, 1995.

[14] Bruick RK & McKnight SL. A conserved family of prolyl-4-hydroxylases that modify HIF. *Science* **294**: 1337-1340, 2001.

[15] Epstein AC et al. *C. elegans* EGL-9 and mammalian homologs define a family of dioxygenases that regulate HIF by prolyl hydroxylation. *Cell* **107**: 43-54, 2001.

[16] Vander Heiden MG, Cantley LC & Thompson CB. Understanding the Warburg effect: the metabolic requirements of cell proliferation. *Science* **324**: 1029-1033, 2009.

[17] Motohashi H & Yamamoto M. Nrf2-Keap1 defines a physiologically important stress response mechanism. *Trends in Molecular Medicine* **10**: 549-557, 2004.

[18] Span PN & Bussink J. Biology of hypoxia. *Seminars in Nuclear Medicine* **45**: 101-109, 2015.

[19] Storz JF. Evolution. Genes for high altitudes. *Science* **329**: 40-41, 2010.

[20] Lorenzo FR et al. A genetic mechanism for Tibetan high-altitude adaptation. *Nature Genetics* **46**: 951-956, 2014.

第 3 章

[21] Vriens J, Nilius B & Voets T. Peripheral thermosensation in mammals. *Nature Reviews Neuroscience* **15**: 573-89, 2014.

[22] Anckar J & Sistonen L. Regulation of HSF1 function in the heat stress response: implications in aging and disease. *Annual Reviews of Biochemistry* **80**: 1089-1115, 2011.

[23] Talbot J & Maves L. Skeletal muscle fiber type: using insights from muscle developmental biology to dissect targets for susceptibility and resistance to muscle disease. *WIREs Developmental Biology* **5**: 518-534, 2016.

[24] Qaisar R, Bhaskaran S & Van Remmen H. Muscle fiber type diversification during exercise and regeneration. *Free Radical Biology and Medicine* **98**: 56-67, 2016.

[25] Wu J et al. Beige adipocytes are a distinct type of thermogenic fat cell in mouse and human. *Cell* **150**: 366-376, 2012.

[26] Jeremic N, Chaturvedi P & Tyagi SC. Browning of white fat: novel insight into factors, mechanisms, and therapeutics. *Journal of Cell Physiology* **232**: 61-68, 2017.

[27] Matsuura Y et al. H3K4/H3K9me3 bivalent chromatin domains targeted by lineage-specific DNA methylation pauses adipocyte differentiation. *Molecular Cell* **60**: 584-596, 2015.

第 4 章

[28] Roseboom TJ et al. Effects of prenatal exposure to the Dutch famine on adult disease in later life: an overview. *Molecular and Cellular Endocrinolology* **185**: 93-98, 2001.

[29] Hales CN & Barker DJP. The thrifty phenotype hypothesis. *British Medical Bulletin* **60**: 5-20, 2001.

[30] Barker DJP et al. Weight in infancy and death from ischemic heart disease. *Lancet* **2**: 577-580, 1989.

[31] Syddall HE et al. Birth weight, infant weight gain, and cause-specific mortality - the Hertfordshire cohort study. *American Journal of Epidemiology* **161**: 1074-1080, 2005.

[32] Poulsen P & Fraga MF. The epigenetic basis of twin discordance in age-related diseases. *Pediatric Research* **61**: 38R-42R, 2007.

[33] Etchegaray JP & Mostoslavsky R. Interplay between metabolism and epigenetics: a nuclear adaptation to environmental changes. *Molecular Cell* **62**: 695-711, 2016.

[34] Rodgers JT et al. Nutrient control of glucose homeostasis through a complex of PGC-1alpha and SIRT1. *Nature* **434**: 113-118, 2005.

[35] Guarente L & Kenyon C. Genetic pathways that regulate ageing in model organisms. *Nature* **408**: 255-262, 2000.

[36] Shi Y et al. Histone demethylation mediated by the nuclear amine oxidase homolog LSD1. *Cell* **119**: 941-953, 2004.

[37] Lee MG et al. Histone H3 lysine 4 demethylation is a target of nonselective antidepressive medications. *Chemical Biology* **13**: 563-567, 2006.

[38] Hino S et al. FAD-dependent lysine demethylase LSD1 regulates cellular

energy expenditure. *Nature Communications* **3**: 758, 2012.

第 5 章

[39] Harvard Report on Cancer Prevention. Vol.1: Causes of human cancer. *Cancer Causes Control*. **7** (Suppl 1): S3-59, 1996.

[40] Luch A. Nature and nurture – lessons from chemical carcinogenesis. *Nature Reviews Cancer* **5**: 113-125, 2005.

[41] Hindorff LA et al. Potential etiologic and functional implications of genome-wide association loci for human diseases and traits. *Proceedings of the National Academy of Sciences USA* **106**: 9362-9367, 2009.

[42] Wild CP. Complementing the genome with an "exposome": the outstanding challenge of environmental exposure measurement in molecular epidemiology. *Cancer Epidemiology, Biomarkers & Prevention* **14**: 1847-1850, 2005.

[43] Wild CP. The exposome: from concept to utility. *International Journal of Epidemiology* **41**: 24-32, 2012.

[44] Hanahan D & Weinberg RA. The hallmarks of cancer. *Cell* **100**: 57-70, 2000.

第 6 章

[45] Young LS & Rickinson AB. Epstein-Barr virus: 40 years on. *Nature Reviews Cancer* **4**: 757-768, 2004.

[46] Neu N, Duchon J & Zachariah P. TORCH infections. *Clinical Perinatology* **42**: 77-103, 2015.

[47] Kawai T & Akira S. Signaling to NF-κB by Toll-like receptors. *Trends in Molecular Medicine* **13**: 460-469, 2007.

[48] Biswas SK & Lopez-Collazo E. Endotoxin tolerance: new mechanisms, molecules and clinical significance. *Trends of Immunology* **30**: 475-487, 2009.

[49] Netea MG et al. Trained immunity: A program of innate immune memory in health and disease. *Science* **352**: aaf1098, 2016.

[50] Gattinoni L et al. T memory stem cells in health and disease. *Nature Medicine* **23**: 18-27, 2017.

[51] Phan TG & Tangye SG. Memory B cells: total recall. *Current Opinion of Immunology* **45**: 132-140, 2017.

［52］Winter D & Amit I. The role of chromatin dynamics in immune cell development. *Immunological Reviews* **261**: 9-22, 2014.

［53］He S & Sharpless NE. Senescence in Health and Disease. *Cell* **169**: 1000-1011, 2017.

第7章

［54］Adrian M et al. Epigenetics of stress adaptations in the brain. *Brain Research Bulletin* **98**: 76- 92, 2013.

［55］Szabo S, Tache Y & Somogyi A. The legacy of Hans Selye and the origins of stress research: a retrospective 75 years after his landmark brief "letter" to the editor# of nature. *Stress* **5**: 472-478, 2012.

［56］Sapolsky RM, Romero LM & Munck AU. How do glucocorticoids influence stress responses? Integrating permissive, suppressive, stimulatory, and preparative actions. *Endocrine Reviews* **21**: 55-89, 2000.

［57］Nicolaides NC et al. The human glucocorticoid receptor: molecular basis of biologic function. *Steroids* **75**: 1-12, 2010.

［58］Thomassin H et al. Glucocorticoid-induced DNA demethylation and gene memory during development. *The EMBO Journal* **20**: 1974-1983, 2001.

［59］Koliwad SK, Gray NE & Wang JC. Angiopoietin-like 4 (Angptl4): A glucocorticoid-dependent gatekeeper of fatty acid flux during fasting. *Adipocyte* **1**: 182-187, 2012.

［60］Klengel T & Binder EB. Epigenetics of stress-related psychiatric disorders and gene x environment interactions. *Neuron* **86**: 1343-1357, 2015.

［61］McEwen BS et al. Mechanisms of stress in the brain. *Nature Neuroscience* **18**: 1353-1363, 2015.

［62］Weaver IC et al. Epigenetic programming by maternal behavior. *Nature Neuroscience* **7**: 847-854, 2004.

［63］Turecki G & Meaney MJ. Effects of the social environment and stress on glucocorticoid receptor gene methylation: A systematic review. *Biological Psychiatry* **79**: 87-96, 2016.

［64］Murgatroyd C et al. Dynamic DNA methylation programs persistent adverse effects of early-life stress. *Nature Neuroscience* **12**: 1559-1566, 2009.

第8章

[65] López-Otín C et al. The hallmarks of aging. *Cell* **153**: 1194-1217, 2013.

[66] Burtner CR & Kennedy BK. Progeria syndromes and ageing: what is the connection? *Nature Reviews Molecular Cellular Biology* **11**: 567-578, 2010.

[67] Munoz-Espin D & Serrano M. Cellular senescence: from physiology to pathology. *Nature Reviews Molecular Cellular Biology* **15**: 482-496, 2014.

[68] Collado M et al. Tumour biology: senescence in premalignant tumours. *Nature* **436**: 642, 2005.

[69] Munoz-Espin D et al. Programmed cell senescence during mammalian embryonic development. *Cell* **155**: 1104-1118, 2013.

[70] Storer M et al. Senescence is a developmental mechanism that contributes to embryonic growth and patterning. *Cell* **155**: 1119-1130, 2013.

[71] Sharpless NE & Sherr CJ. Forging a signature of in vivo senescence. *Nature Reviews Cancer* **15**: 397-408, 2015.

[72] Wiley CD & Campisi J. From ancient pathways to aging cells. *Cell Metabolism* **23**, 1013-1021, 2016.

[73] Booth L & Brunet A. The Aging epigenome. *Molecular Cell* **62**: 728-744, 2016.

[74] Baar MP et al. Targeted apoptosis of senescent cells restores tissue homeostasis in response to chemotoxicity and aging. *Cell* **169**: 132-147, 2017.

●●● 参考図書

第1章

『驚異のエピジェネティクス ― 遺伝子がすべてではない!? 生命のプログラムの秘密』中尾光善 著，羊土社（2014）.

『エピジェネティクス革命 ― 世代を超える遺伝子の記憶』ネッサ・キャリー 著，中山潤一 訳，丸善出版（2015）.

『エピジェネティクス』D・アリス，T・ジェニュワイン，D・ラインバーグ 著，堀越正美 監訳，培風館（2010）.

第2～8章

『あなたと私はどうして違う？ 体質と遺伝子のサイエンス ― 99.9%同じ設計図（ゲノム）から個性や病気が生じる秘密』中尾光善 著，羊土社（2015）.

『イラストレイテッド生理学（リッピンコットシリーズ）』R. A. Harvey, R. R. Preston, T. E. Wilson 著，鯉淵典之・栗原 敏 監訳，丸善出版（2014）.

『イラストで徹底理解する シグナル伝達キーワード事典』山本 雅・仙波憲太郎・山梨裕司 編集，羊土社（2012）.

『生態進化発生学 ― エコ-エボ-デボの夜明け』スコット・F・ギルバート，デイビッド・イーペル 著，正木進三・竹田真木生・田中誠二 訳，東海大学出版会（2012）.

"Principles of Anatomy & Physiology" G. J. Tortora, B. Derrickson 著，Wiley（2014）.

● 参考図書

"Histology and Cell Biology – An Introduction to Pathology" A. L. Kierszenbaum, L. L. Tres 著, Elsevier (2016).

第2章

『酸素のはなし — 生物を育んできた気体の謎』三村芳和 著, 中公新書 (2007).

「低酸素応答の光と影 — エリスロポエチン純化から40年」(第27回フォーラム・イン・ドージン)

第3章

『環境を＜感じる＞ — 生物センサーの進化（岩波科学ライブラリー）』郷 康広・颯田葉子 著, 岩波書店 (2009).

『図解・感覚器の進化 — 原始動物からヒトへ 水中から陸上へ（ブルーバックス）』岩堀修明 著, 講談社 (2011).

第4章

『栄養とエピジェネティクス — 食による身体変化と生活習慣病の分子機構』ネスレ栄養科学会議 監修, 建帛社 (2012).

『ムーア 人体発生学』K. L. Moore, T. V. N. Persaud 著, 瀬口春道・小林俊博・E. Garcia del Saz 訳, 医歯薬出版 (2011).

第5章

『環境生物学 — 地球の環境を守るには』針山孝彦・津田基之 著, 共立出版 (2010).

『生き物たちの情報戦略 — 生存をかけた静かなる戦い（DOJIN選書）』針山孝彦 著, 化学同人 (2007).

第6章

特集「免疫反応と疾患」山本一彦 編集，内科臨床誌 medicina,
Vol. 50 No. 3，医学書院（2013）.

『ウイルスを知る（イラスト医学＆サイエンスシリーズ）』山本直
樹 編集，羊土社（1999），

第7章

『最新脳科学でわかった五感の驚異』L・D・ローゼンブラム 著,
齋藤慎子 訳，講談社（2011）.

『ストレス科学事典』日本ストレス学会・財団法人パブリックヘ
ルスリサーチセンター 監修，実務教育出版（2011）.

第8章

『老化生物学 ― 老いと寿命のメカニズム』R・B・マクドナルド
著，近藤祥司 監訳，メディカル・サイエンス・インターナシ
ョナル（2015）.

特集「老化と老年疾患 ― 研究・臨床の最前線」秋下雅弘 編集,
医学のあゆみ，Vol. 253 No. 9，医歯薬出版（2015）.

索引

ADP　69

AMP　70

ATM-p53-p21 パスウェイ　112, 169

ATM リン酸化酵素　112

ATP　30, 69, 81

B 型肝炎ウイルス　120

B 細胞受容体　127

CD4　127

CD8　127

C 型肝炎ウイルス　120

DNA　7

DNA/RNA ヘリカーゼ　163

DNA 損傷　169

DNA 脱メチル化酵素　20

DNA メチル化酵素　16, 19, 149, 150

DOHaD 学説　74, 88, 102, 107, 147

E2F　171

E2F 結合配列　171

EB ウイルス　→エプスタイン・バーウイルス

EPO　→エリスロポエチン

FAD　86

FAD-LSD1 パスウェイ　87

FDG-PET　41

GWAS　→ゲノム・ワイド・アソシエーション・スタディ

HIF1α　36

HIV　129, 132

HSP　→熱ショックタンパク質

HSP-HSF パスウェイ　59

IκB　124

KEAP1　44

KEAP1-NRF2 パスウェイ　44, 110

LSD1　74, 85

MeCP2　149

MHC 抗原　→主要組織適合抗原

NAD　83

NAD-Sirt1 パスウェイ　85

● 索 引

NF-κB　　124, 125
NRF2　　44, 110
p16　　166
p16-CDK-RB パスウェイ　　169
p21　　113
p53　　112
p53 結合配列　　112
PCB　　100
PET　　→ポジトロン断層撮影法
PGC-1α　　84, 86
PHD-HIF1 パスウェイ　　38, 44
QOL　　→生活の質
RB　　170
RNA　　8
Sir2　　85
Sirt1　　74, 83
SNP　　→一塩基多型
S-アデノシルメチオニン　　81
TLR　　→トール様受容体
TLR-NF-κB パスウェイ　　125
TORCH 症候群　　→トーチ症候群
T 細胞　　126, 133
T 細胞受容体　　127
UDP-グルクロン酸転移酵素　　110
VHL　　37

α-ケトグルタル酸　　41
β 細胞　　90
β 酸化　　68
κB モチーフ　　125

●あ 行

アジソン病　　142
アスピリン　　54
アスベスト　　100, 101

アセチル CoA　　81
アセチル化　　17, 22
アセチル化酵素　　82
アセチル基　　81
暑さの反応　　54
アドレナリン　　137
アポトーシス　　→細胞死
アルギニンバソプレッシン　　150
アレルギー疾患　　130
アンジオポエチン様因子 4　　146
アンチエイジング　　172

硫黄酸化物　　99, 100
異化　　67, 84
イソクエン酸脱水素酵素　　41
イタイイタイ病　　98
一塩基多型（SNP）　　103
市川厚一　　101
一卵性双生児　　79
一酸化炭素　　100
遺伝　　2
遺伝子　　8, 10, 14
インスレーター　　11
インターフェロン　　131
インターロイキン　　124, 131

ウイルス　　115
ウイルス感染症　　117
ウイルス性発がん　　119
ウェルナー, オットー　　162
ウェルナー症候群　　162

エイズ　　129, 132
栄養素　　67
疫学調査　　74

エクスポゾーム　　104
エコチル調査　　105
エピゲノム　　14
エピジェネティクス　　12
エプスタイン・バーウイルス　　119
エリスロポエチン（EPO）　　32, 34, 35, 38
エリスロポエチン受容体　　35
エリスロポエチン製剤　　32, 35
塩基　　7
炎症反応　　125
延髄　　28
煙突掃除人保護条例　　101
エンドトキシン・トレランス　　125
エンハンサー　　10

応答　　6
　即時の――　　6, 18, 22, 88
　予測の――　　6, 19, 22, 88
オランダ飢饉　　71
温覚　　50
温度　　47
温度覚　　50
温度受容体　　50

●か　行
解糖　　31, 39, 41, 68
外部環境　　104
化学受容体　　28
化学発がん　　101
化学予防　　108
獲得免疫　　123, 125, 126, 130, 132
華氏　　47

下垂体　　139
可塑性　　59
褐色細胞　　52
褐色脂肪細胞　　62
活性酸素　　42
活性酸素種　　42
カドミウム　　98
加齢　　155
ガレンテ，レオナルド　　85
カロリー　　70
カロリー制限　　85
がん　　2, 37, 39, 100
環境汚染　　96
肝臓　　52
感知　　5
感知→応答→記憶の法則　　6
がん抑制遺伝子　　112, 170
がん抑制タンパク質　　37

記憶　　6, 19, 22
飢餓　　83
基礎代謝量　　71, 91
揮発性有機化合物　　100
吸気　　26
胸腺　　126
虚血性心疾患　　72
キラーT細胞　　127
金属元素　　99

クァイエセンス　　　→細胞休止
空気　　25
クエン酸回路　　41, 68
クッシング病　　142
グランゲ，サーリー　　144
グルココルチコイド　　139, 140,

187

142
グルココルチコイド応答配列
　　141
グルココルチコイド受容体　　147,
　　150
グルタチオン　　110
グルタチオン抱合　　110
クロマチン　　17

形質細胞　　127
頸動脈小体　　28
解熱期　　54
ゲノム　　3, 7, 14
ゲノム・ワイド・アソシエーショ
　　ン・スタディ（GWAS）　　103
健康寿命　　158
健康と病気の発生起源説
　　　　→DOHaD 学説

公害病　　96
光化学オキシダント　　100
交感神経　　137
高血圧　　72
抗原　　125
抗原提示細胞　　124
抗酸化　　43
抗酸化応答配列　　44
高山病　　34
恒常性　　7, 83, 90
酵素　　67
抗体　　127
高体温　　53
高地トレーニング　　34
後天性免疫不全症候群　　→エイズ
酵母　　85

抗利尿ホルモン　　150
抗老化　　172
呼気　　26
呼吸　　27
呼吸中枢　　28
骨格筋　　52, 59, 90
コールタール　　101
コルチゾール　　139, 140, 142
ゴールドワッサー，ユージン　　32

●さ 行
再生　　2
再生不良性貧血　　33
サイトカイン　　54, 124
サイトメガロウイルス　　121
細胞　　1, 4
　　──の終末分化　　164
　　──の分化　　2
　　──のリプログラム　　3, 64
細胞核　　4
細胞休止（クァイエセンス）　　164
細胞死（アポトーシス）　　113,
　　165, 169
細胞質　　4, 68
細胞膜　　4
細胞老化（セネッセンス）　　164,
　　165, 171
サイレンサー　　11
サーチュイン　　83
サナギ　　78
寒さの反応　　54
サルコペニア　　159
酸化　　42
酸化ストレス　　43, 44
酸化的リン酸化　　30, 39, 41, 91

188

シアリダーゼ　33
子宮内発育遅滞　79
シグナル伝達　5
自己炎症性疾患　131
自己免疫疾患　131
視床下部　53, 137
自然免疫　123, 125, 131
質量分析法　38
シトクロム P450　109
脂肪組織　90
弱毒生ワクチン　128
シャペロン　57
シー，ヤン　86
自由神経終末　50
宿主細胞　115
樹状細胞　123
受動免疫　130
腫瘍ウイルス　118
腫瘍壊死因子　124
主要組織適合抗原（MHC 抗原）
　　125
受容体　4, 116
初期胚　76
職業がん　100
食物連鎖　96
新興感染症　117
人獣共通感染症　117
心身の疲弊　139
腎性貧血　32
親電子応答配列　110
親電子代謝物　109
親電子物質　99

水酸化　38
膵臓　90

垂直伝播　117
水平伝播　117
ステロイドホルモン　140
ステロイド薬　143
ストレス　136
ストレスタンパク質　59
ストレスホルモン　136, 142
スミス，クレメント　71

生活習慣病　2, 88
生活の質（QOL）　159
制御性 T 細胞　130
成人型早老症　163
成人病の胎児期起源説（バーカー仮
　　説）　73
生物濃縮　96
生命のプログラム　154
世界アンチ・ドーピング機構　35
摂氏　47
絶対温度　48
セットポイント　53
セネッセンス　→細胞老化
セネッセンス関連 β-ガラクトシダ
　　ーゼ　168
セネッセンス関連ヘテロクロマチン
　　形成　166
セメンザ，グレッグ　36
セリエ，ハンス　136
先天異常　76
先天性風疹症候群　121
先天性免疫不全症候群　131

早老症（プロジェリア）　161
速筋線維　60

● 索 引

●た 行

ダイエット　90
ダイオキシン類　100
体温　52
体温調節中枢　53, 55
胎芽期　76
胎児期　76
胎児性水俣病　97
体質　80
代謝　67
代謝メモリー　91
代謝メモリー説　74, 88
大動脈小体　28
第二水俣病　96, 98
胎盤移行抗体　122
多剤耐性関連タンパク質　110
脱アセチル化酵素　82
脱共役タンパク質　64
脱メチル化酵素　20, 82
炭化水素　100
短期記憶　128
単純ヘルペスウイルス　122

遅筋線維　60
窒素酸化物　100
中間型の筋線維　62, 93
中心代謝　41
中枢化学受容器　28
中和抗体　130
長期記憶　129
長寿遺伝子　85
チロシンアミノ基転移酵素　144

抵抗反応　137
低酸素応答　40

低酸素応答配列　36, 45
低酸素ストレス　44
低酸素誘導性因子1　　→HIF1
低出生体重児　72, 74, 76, 79, 88
低体温　53
デオキシリボ核酸　　→DNA
テロメア　166
転写　9
転写因子　5, 10, 22
伝染性単核球症　119

同化　68, 86
糖尿病　72, 89
トキソプラズマ症　121
トーチ（TORCH）症候群　121
トラニルシプロミン　86
トール様受容体（TLR）　124

●な 行

内部環境　104

日内変動　142
認知症　160

ヌクレオソーム　17, 81

ネガティブ・フィードバック
　　141, 143
熱射病　55
熱ショック因子（HSF）　57
熱ショック応答　57
熱ショック応答配列（HSE）　57
熱ショックタンパク質（HSP）
　　57, 141
熱中症　55

熱量　70

能動免疫　130
ノルアドレナリン　137

●は　行

バーカー仮説　→成人病の胎児期
　　起源説
バーカー，デビッド　72
バーキット，デニス　118
バーキットリンパ腫　118
白色脂肪細胞　62
発がん　100
発現　9
発生　1
発達障害　107
ハッチンソン・ギルフォード症候群
　　161
発熱　53
発熱期　54

ヒストン　17, 80
脾臓　127
ヒトT細胞白血病ウイルス　120
ヒトゲノム　103
ヒトパピローマウイルス　120
ヒトヘルペスウイルス　120
ヒト免疫不全ウイルス　→HIV
皮膚　49
皮膚感覚　49
肥満　72, 87, 89
肥満遺伝子　87
病原ウイルス　117
ピンク筋　62

ファイト・オア・フライト　137
風疹　121
フォン・ヒッペル・リンドウ病
　　37
不活化ワクチン　128
副腎髄質　137
副腎皮質刺激ホルモン（ACTH）
　　139, 140
副腎皮質刺激ホルモン放出ホルモン
　　（CRH）　137, 140
双子研究　158
フリーラジカル　42
フレイル　156
プログラムされた細胞老化　165
プロジェリア　→早老症
プロジェリン　162
プロスタグランジンE2　54
プロモーター　10
プロリン水酸化酵素　38

平均寿命　157
平均余命　157
ヘイフリック，レオナルド　163
ベージュ細胞　63, 93
ヘモグロビン　27
ヘルパーT細胞（Th）　127, 130
ベンジジン　101
ベンゼン　101
変態　78

補酵素　83
ポジトロン断層撮影法（PET）
　　41
ボット，パーシバル　101
母乳抗体　122

● 索　引

ホメオスタシス　　→恒常性
ホルミシス効果　　108
翻訳　　10

●ま　行

マクロファージ　　123
末梢化学受容器　　28

ミトコンドリア　　30, 60, 68, 84
水俣病　　96
ミーニイ・マイケル　　147
宮家隆次　　32

ムーアヘッド，ポール　　163

メチル化　　15, 17, 19, 20, 22, 91
メチル化 DNA 結合タンパク質
　　16, 19, 149
メチル化酵素　　82
メチル化リシン結合タンパク質
　　20
メチル基　　15, 81
メチル水銀　　96
メモリー B 細胞　　127
メモリー T 細胞　　127
免疫応答　　127
免疫記憶　　126, 127
免疫グロブリン　　127
免疫不全　　131
免疫老化　　132
メンデル，グレゴール・ヨハン
　　13
メンデルの法則　　13

網膜芽細胞腫　　170

●や・ら・わ行

山極勝三郎　　101

有機スズ　　99

四日市ぜん息　　99

ラウス，フランシス・ペイトン
　　118
ラウス肉腫ウイルス　　118
ラミン A　　162

リシン　　20
リバウンド　　90
リボ核酸　　→RNA
良性腫瘍　　164
臨界期　　76, 120
リン酸化　　17
リン酸基　　81
リンパ球　　125

冷覚　　50
冷ショック応答　　57
レスベラトロール　　85

老化　　2, 113, 156
老化細胞　　133, 164

ワイルド，クリストファー　　104
ワインバーグ，ロバート　　170
ワクチン　　121, 128
ワディントン，コンラッド　　13
ワールブルグ，オットー　　40
ワールブルグ効果　　40

著者略歴

中尾　光善（なかお・みつよし）
1959 年生まれ．医学博士．小児科医．熊本大学発生医学研究
所教授．おもな著書に『驚異のエピジェネティクス』『体質と
遺伝子のサイエンス』（以上 羊土社），『エピジェネティクス
と病気』（メディカルドゥ）などがある．

環境とエピゲノム ―― からだは環境によって変わるのか？

平成 30 年 1 月 25 日　発　行

著作者　　中　尾　光　善

発行者　　池　田　和　博

発行所　　**丸善出版株式会社**

〒101-0051　東京都千代田区神田神保町二丁目17番
編集：電話 (03) 3512-3261／FAX (03) 3512-3272
営業：電話 (03) 3512-3256／FAX (03) 3512-3270
http://pub.maruzen.co.jp/

© Mitsuyoshi Nakao, 2018

イラスト作成：安富佐織
組版印刷・中央印刷株式会社／製本・株式会社 松岳社

ISBN 978-4-621-30272-9 C 0045　　　　　Printed in Japan

JCOPY 〈(社)出版者著作権管理機構　委託出版物〉
本書の無断複写は著作権法上での例外を除き禁じられています．複写
される場合は，そのつど事前に，(社)出版者著作権管理機構（電話
03-3513-6969，FAX 03-3513-6979，e-mail：info@jcopy.co.jp）の許諾
を得てください．